全新版《2萬元有找

南中國批貨

張志誠 著

1 為什麼要到中國批貨？從shopping到批貨創業

2 跨海批貨，事前準備最重要

3 批貨成本教戰 Step by step

4 批貨流程大公開

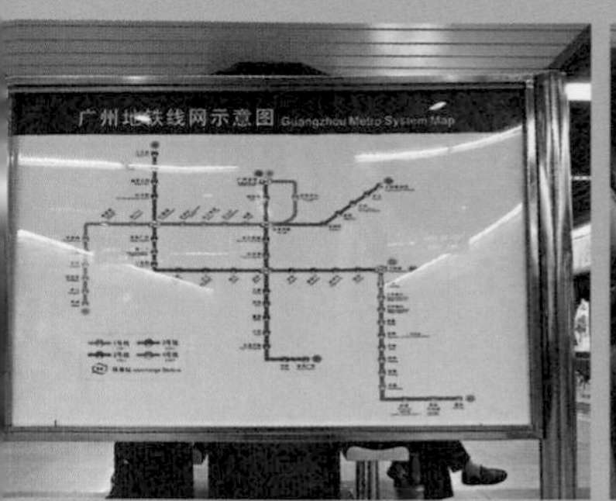

7 人民幣兌換篇

5 交通篇

6 住宿篇

8 廣州服飾批貨篇

9 虎門服飾批貨篇

10 深圳服飾批貨篇

11 廣州皮件鞋類批貨篇

白馬
时装批发城

作者序

台灣賣家尋找新貨源的第一站

時間過得真快，這本《南中國批貨》(原書名為《2 萬元有找，中國批貨》) 自 2008 年出版以來，已經多次再版。

當初之所以會想寫這本書，是因為我看見兩岸之間「大陸生產、台灣銷售」的分工模式，尤其「批貨導購員」這個名詞，吸引了我的好奇。我心想，如果能有一本書能夠介紹廣東服飾批貨的城市，讓台灣的讀者弄懂這些城市有哪些商城、想前往廣東批貨的創業者事前該做哪些準備、需要準備哪些東西、批貨有哪些標準流程、怎樣把貨運回台灣、如何才能降低到廣東批貨的風險、怎樣搭乘大眾交通工具到這些城市、有哪些酒店可投宿等等訊息，那該有多好。

當這個念頭浮上心頭後，我的生活也變得不一樣了。我花了好多時間跑廣東，看檔口、拍照、找批貨專家，一邊忙工作一邊忙寫書，從敲下第一個字開始到完成整本書，其中不斷修稿，只希望讓有心到廣東開發新貨源的人，能帶著這本書按表操課。

這本書出版以來，廣東批發市場也與時俱進，每年都會有新的批發商場出現，就連經營多年的批發商場也為因應新挑戰而大刀闊斧地拉皮整建，甚至與韓國東大門商圈經營團隊合作，引進新的經營模式。因此，這本書自然也需服務台灣廣大的創業者，提供廣東批發市場最新的市場情報。

南中國——這裡指的是廣東——批發市場，可說是台灣創業者踏出台灣尋找新貨源的第一個選項，不管是廣州、虎門、深圳等地，每天都有許多台灣人在當地深入市場批貨，即便如此，廣東批發市場的規模實在非常多元、巨大，即使當地人都不見得知之甚詳，而且網路上的相關資訊極為零瑣、片斷，甚至是錯誤的，為此，每次去廣東總抱著如履薄冰的心情蒐集最新且正確的資料以饗讀者。

這次的大改版，我增加了很多廣州、虎門、深圳各類批發商場的一手觀察，目的在於希望即使是越來越多台灣創業者已能自行前往廣東批貨的今天，帶著本書前往也能開發更多新的、有特色的批發商場，增添商品的多樣化與多元性。

這本書的完成，要感謝的人實在太多，其中除了批貨導購員邱綺瑩（Jessies）的大力協助外，還要感謝我的前同事陳怡臻小姐義務擔任照片的模特兒。最後我要感謝廣大讀者對本書的肯定，我衷心希望有越來越多的創業者能夠得到更多的協助，邁向創業成功之路。

1

為什麼要到中國批貨？

從shopping到批貨創業

以從香港為起點，環繞珠江三角洲的環狀供應鏈就成為日、韓、新、台服飾業者採購的重要據點。

如果想要批飾品、皮件、鞋類或小商品回台灣賣，廣州顯然是華南地區數一數二的批貨中心。

只要事前能多了解廣州當地的批貨商場，不要跑錯地方，這樣自然不會浪費時間，最短 4 天來回，就能搞定一切。

創業之路——從批貨起家

創業是台灣永不退燒的話題，隨著台灣社會日益 M 型化，越來越多人投入創業之路，但除了製造、餐飲、專業服務的型態之外，絕大多數創業者都是以買入賣出為主要營運模式。

根據資策會調查，台灣 2012 年電子商務總產值達新台幣 6,605 億元，其中網購市場規模為 3,825 億元，網拍市場為 2,780 億元（預估 2015 年總產值將突破 1 兆元），讓不少社會新鮮人利用網路自己開店當起小老闆。另外由於上班族多年來「薪」如止水，根據 1111 人力銀行調查也發現，超過 41%的上班族選擇「翻譯／文書／設計類接案」、「行政助理」及「網拍」做為增加收入的管道，顯然透過網路銷售已經是台灣創業者非常重要的通路之一。

網拍達人的成功典範

以服飾為例，像是 YAHOO ！奇摩拍賣的資深元老「白鳥花子」因為網拍成績太好，最後還被請到 YAHOO ！奇摩的購物中心開店。「天母嚴選」執行長鄭婉婷則是還在讀書時就幫打工的服飾店開闢網路商店，現在也是台灣網拍市場的領頭人物。

另外，目前是 YAHOO ！網拍評價最高的「東京著衣」，兩位六、七年級的創辦人周品均、鄭景太，也是在短短幾年內就從業餘網拍賣家衝上最高分，現在零售、批發的生意兩頭做，也開起實體店面，擴張經營規模。

還有專營大尺碼女裝網拍的 OrangeBear 創辦人王蘭芳以三萬元資本起家，不到 3 年，現在已經成為擁有數十位員工的中小企業老闆。

這些網拍達人一開始都是小本經營創業，但選貨眼光銳利，市場區隔清楚，知道潛在客層喜歡哪些風格的商品，才能在競爭激烈的市場中打出自己的一片天。

想想看，你想賣服裝、飾品、文具、玩具、甚至機械工具，你會去哪裡尋找這些貨源呢？大部分的人還是到當地的批發集散地去找貨源。雖然方便，但卻有嚴重的後遺症，那就是你在當地找得到的貨色，別人也能輕易找到，最後又是淪入比價的紅海。

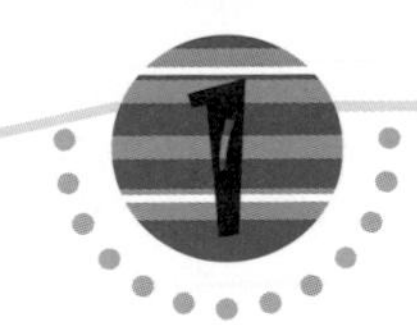

從批貨學起

對於最終想走向自行設計、工廠代工的創業者來說，先從批貨開始，慢慢學習找貨源、工廠，如果有計畫的進行，就有機會慢慢投入設計生產這條路，但一切剛開始之時，批貨是一條必經之路。

我還是以服飾網拍為例，放眼入口網站的購物中心或網拍，賣得最好的服飾單價通常都在 300 ～ 500 元之間。一般來說，台灣網路購物中心都會抽業者 15 ～ 30%不等的上架費，網拍則依單品收取手續費，如果是單價 400 元的流行服裝，等於網路公司就要抽將近 60 ～ 90 元的佣金，再加上人事管銷費用，可想而知，一件服飾的成本必須壓到很低才會有利潤。

如果你想開的是服飾店，你該怎麼辦？要選貨，就得貼近服飾的批發市場，台灣就以台北的五分埔、高雄安寧街；亞洲就以香港、廣東、南韓首爾的東大門為主了。貼近批發市場的好處是貨源集中，壓低成本，周邊配套服務齊全。

（大陸批發創業人 Jessies 提供）

五分埔、永寧街早就沒搞頭？

五分埔、安寧街已經不再是批貨的好地方，那到日本或南韓去呢？到日本、南韓批貨，語言不通是第一個問題之外，價格也不見得便宜，而且東京很多批店都必須申請「批卡」（會員卡），條件也很硬，要準備營利事業登記證影本、名片，還要有商店的外觀、招牌、店內陳設與負責人和自家店面的照片。如果沒有這些東西，有錢你還進不去。申辦手續要好幾星期，這也表示要跑第二趟才有可能拿到批卡。

況且許多日韓的服飾早已經將生產工廠移到廣東，還有許多日韓服飾業者也是到廣東批

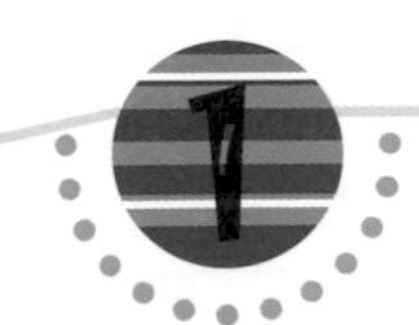

貨，再拿回日韓當地銷售。現在從香港為起點，環繞珠江三角洲的環狀供應鏈就成為日、韓、新、台服飾業者採購的重要據點。

因此，業內的人其實都很清楚，台北五分埔店家所賣的流行服裝，即使上面掛的是 Made in Korea 或是 Made in HongKong，其實很多都是 Made in China（特別是 Made in Guangdong）。

去廣州批貨可以很省錢？

如果不打算自己生產產品，想維持競爭力，那麼新商品推出的速度就要快。到廣東批貨，等於是到產業鏈的最源頭找貨。由於廣東就是流行產業的生產基地，客戶來自全世界各地，為了應付龐大的客戶，廣東的各類廠商每星期都有新商品推出。

由於日、韓服飾的流行速度領先台灣至少一個月，所以直接到廣東批貨，等於能夠拿到比台灣市場至少早半個月的新鮮貨，這在競爭激烈的流行服飾業中可說是非常重要的優勢。所以只要挑貨的眼光夠好，廣東絕對是個批貨的好地方。

廣州其實沒那麼可怕

既然到廣東批貨就能看到各種最新貨款，為什麼敢獨自跑到廣州批貨的人還是不多呢？

我想台灣的批貨客比較不考慮到廣州批貨的原因，不外乎 3 點：

1. **人身安全。**
2. **包括交通食宿等批貨附加成本。**
3. **貨運服務。**

其中，人身安全大概是讓許多人對到廣州批貨望而卻步最主要的原因。廣州很奇怪，似乎已經被污名化了，好像全世界最危險的地方就是廣州。其實，不只是台灣人，就連大陸人，只要不是住在廣州的，也對廣州充滿恐懼。他們覺得外地人到廣州一定很容易被搶，所以我在深圳的朋友就對我單槍匹馬勇闖廣州深感佩服。但我自己走過一趟後才發現，廣州其實並沒有那麼可怕。

除廣州火車站之外，夜晚的廣州還滿安全的

廣州是各色商品的批發重鎮

廣州不僅外銷出口力強，內需市場也大。因此，幾乎全大陸各省分的商家都會到廣州尋找最新款的各色商品。在廣州的各種批發商場外，每天總是可以看到大大小小寄往其他內地省市的包裹，廣州批發市場之大，種類繁多可見一斑。

對台灣的個體戶而言，服飾除了可到虎門、廣州批貨之外，飾品、小商品、皮件和鞋類，應該還是以廣州為主要批貨地點。

穿著黃背心的搬運工，正在打理準備運送到各地的包裹

廣州搬運工的月薪好的也超過人民幣 2000 元，和當地大學畢業生可有得比

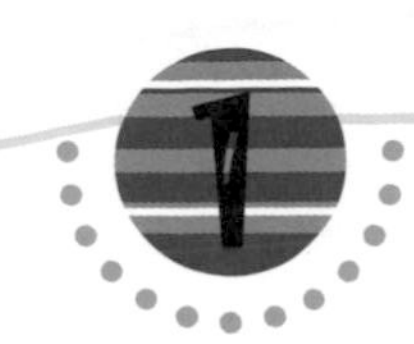

虎門富民商業大樓是虎門最早也最大的服裝批發商場

既然廣州有這麼多產品可以批貨，那你覺得跑一趟廣州批貨的交通食宿大概要多少錢呢？

一趟批貨的費用，其實都必須平均分攤到那次去批貨的所有商品中，這樣算，才是最起碼一次去批貨的基本成本（當然還沒有算其他的人事費用）。

廣州的交通還不算混亂，有時候跟著當地人走也是種方法

根據我的經驗，我覺得去廣州批貨的各種成本並不會比去虎門高。而且重點是虎門雖是服飾批貨的大本營，但說到其他像飾品、小商品、皮件、鞋類、家飾，或是流行鐘錶，還是得到廣州去。況且廣州的服飾批發商場中，從站西路到站南路、站前路以及十三行高低檔都有。

廣州的服飾批發市場比起虎門也是毫不遜色，更何況廣州還是各色商品的批發重鎮，只要選對住的地方，善用當地的大眾交通工具，當然可以大幅降低在廣州批貨的成本。

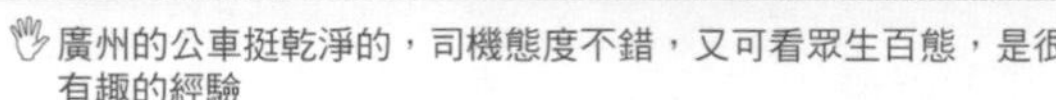

廣州的公車挺乾淨的，司機態度不錯，又可看眾生百態，是很有趣的經驗

廣州的捷運甚至比台北還要早使用代幣單程卡

住宿費可以省很多

另外，在住宿方面，如果打算4天往返台灣、廣州與虎門，那就是預估4天3夜的行程，等於在廣州及虎門住3個晚上。這部分是成本差距最大的花費，甚至可以相差3～4倍。另外住宿地點如果離批貨地點不遠，利用地鐵或公交車就能到達，這樣還能節省很多市區交通費用，這些我們都會在後面談到。

老話一句，如果覺得在台灣批不到好商品，那還能去哪裡批貨呢？日本、南韓？我的想法是，如果覺得去日、韓能批到自己喜歡的貨，也覺得成本划算，那就去吧。如果覺得日韓語言不通，剩下的不是到香港就是到大陸了，如果想開發最新的供應商，找到最新的商品，看完本書後，跑一趟廣東，絕對讓你不虛此行。

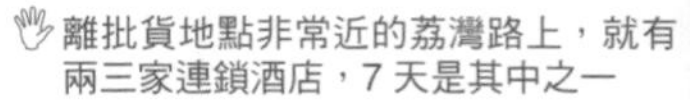

離批貨地點非常近的荔灣路上，就有兩三家連鎖酒店，7天是其中之一

2

跨海批貨，事前準備最重要

不管你做哪種生意，批貨前一定要先做好功課，才不會人到了現場才發現什麼都沒準備，白白浪費了一趟寶貴的行程。

先確定自己要做什麼生意？

只要事前準備周詳，隻身跨海批貨也可將風險降到最低

做生意講究將本求利，走一趟廣東3～4天是最起碼的行程，機票、交通、三餐、住宿，樣樣都要花錢，這些費用最後都會平均分攤到一趟的進貨成本上。所以有經驗的賣家就會計算這一趟去廣東，大概要批多少貨回來才划算。

要去廣東批貨，第一步先確定自己要做什麼生意，想批什麼貨。這點很重要，因為如果沒有目標，一旦到了廣東，看到滿坑滿谷的商品，店員的吆喝，加上每個人都是大包小包，這些景象往往會讓人產生恐慌，會覺得如果不跟著批些貨，生意都要被別人做光了。那種人潮洶湧，搶貨、搬貨的場景都是台灣來的賣家無法想像的，所以事先想清楚自己要什麼，自然不會在商場中不知所措了。

當然，另一個問題是，大陸的商城通常都有集市的現象，像服裝有服裝城，皮件有皮件城，鞋類有鞋城，生活雜貨也有專屬的市集。虎門的情況還好，所有的商城和寫字樓都集中在以富民服裝批發商城為中心、方圓一公里的範圍內。

但如果是去廣州，問題就大了。除了越秀區廣州火車站附近之外，其他商城都分布在廣州西邊的老八區，這也是去廣東批貨最大的困擾。如果不確定自己要批購哪些商品，等人到廣東，連去哪裡找商城恐

怕都是問題。所以到廣東批貨，最好先確定自己要做什麼生意，要批什麼貨。

批到的商品可不是給自己用的

很多人覺得做生意很幸福，因為又能到處逛街批貨，又能開店做生意賺錢，真是兩全其美。不過賣家應該要很清楚，出去批貨不比逛街，旅行與採購時間都被壓縮到極致。因此正打算跨入零售市場的人一定要搞清楚，批來的東西是要運回台灣賣的，不是給自己穿或用的，而且最好自己就是負責銷售的人，這樣才會更清楚顧客喜歡哪種風格的商品，或是自己的目標客群在哪裡，到了現場才能很快根據自己的需求「掃街」。否則像逛街一樣，一間間慢慢逛的話，可能一個樓層逛半天都還逛不完。

親自採購

一個樓層逛半天倒也罷了，批錯了款式，問題才大。我就曾聽過一個賣流行服飾的業者說，有一次讓自己的哥哥去批貨，結果批回來的東西就像是給檳榔西施穿的，這就是問題。如果自己不負責銷售，卻跑去採購，就很容易會發生這種慘劇。

又是一堆堆準備送回老家的服飾

批貨前必須做的幾項功課

接下來我們就以服飾批貨為例子，說明跨海批貨前要做好的幾項功課：

1. **確定自己要切入的是哪一塊市場，以及顧客年齡層、喜好等。**
2. **了解流行趨勢。**
3. **具備看貨的基本知識。**

功課 1

確定自己要經營哪一塊市場

服裝零售業朝向兩極發展，不是走低價衝量，就是走高價少量路線。想投入服裝零售業，最好要同時確定自己想經營哪一塊市場，以及哪個客層。確定銷售客層，才能決定要採購哪些風格的服飾產品，以及需要哪些搭配的飾品。

像 15 到 25 歲這一年齡層的哈日、哈韓族，有一大群人要的是低價位、有日韓風格的流行服飾。他們的所得不高，卻又希望每一季都能有新款式的衣服穿，所以價格也不能太高。

因此，想做這個顧客群的生意，衣服的價格帶最好維持在 299 ～ 499 元之間，褲子不超過 499 元，才有機會打出銷售量。

功課 2

了解流行趨勢

確定客層後，接著就要了解這個客層關心的流行趨勢，這樣才能挑選到適合目標客層品味與喜好的服飾。

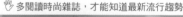

多看時尚雜誌蒐集流行

想要了解流行趨勢，最簡單的方法就是多聽多看，不管是美麗佳人、薇薇、Vogue、柯夢波丹（COS-MOPOLITAN）等，都是了解下一季時尚趨勢的重要資訊來源。這些時尚雜誌不僅可以讓你了解流行趨勢，而且還可以順便蒐集與服裝搭配的飾品情報，情報蒐集越齊全，對批貨都有極大助益。

除了閱讀時尚流行雜誌之外，直接到市場考察最新的流行趨勢也是一種不錯的做法。

多閱讀時尚雜誌，才能知道最新流行趨勢

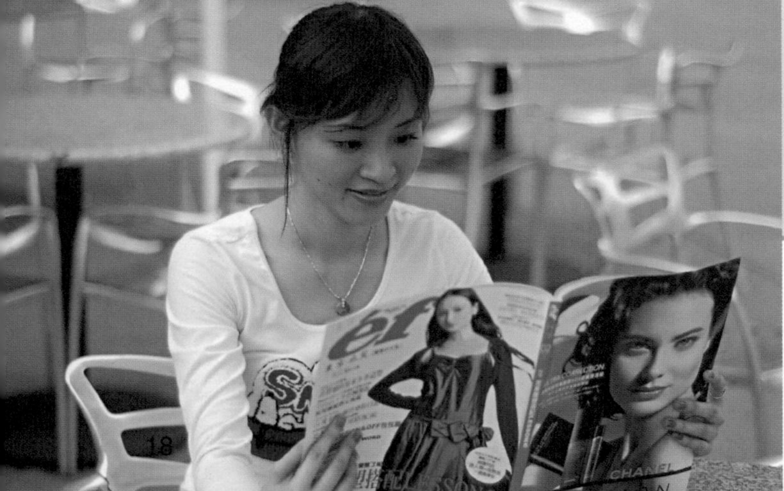

五分埔是很好的實戰點

如果以台北市來看，又以五分埔及永和市的中興街（又有韓國街之稱）是市場考察很好的參考地點。

好像沒有正式的統計能顯示出五分埔究竟有多少店家，不過據私下估計應該有好幾百家才對。現在的五分埔服飾，區分已經相當完整。如果想賣少男服飾就到第三街去，少女、淑女服飾的店家則集中在第一、第七街；想主攻男裝、運動休閒及中性服飾則到第五街去蒐集情報。

逛一圈五分埔後，你會發現商家們各有特色，而且也提供當季的時尚風潮與混搭方式。這些商家都是身經百戰的高手，從他們店面的擺設與服裝款式，都可以學到許多開店經營與進貨的訣竅。

另外，到五分埔考察的好處是，可以參考當地服裝的定價。所謂貨比三家，不僅到廣東批貨時要貨比三家，就算到五分埔蒐集最新流行的情報，也應該順道記錄一些將來自己有興趣批貨的服飾價格。

記得把做好的紀錄帶到廣東去，可比較兩邊的批發價格，也有助於了解在台北批貨跟到廣東批貨的價差到底有多大。

了解流行趨勢，確定自己的客層與喜好之外，還有一點也是跨海批貨前一定要做好功課的，就是「具備看貨的基本知識」。

服飾廠的品管或跟單員在檢查產品時，有幾個非常重要的檢查原則，也很適用跨海批購的賣家。

1. 看外觀

- 衣服左右花色拼塊不對稱或不連結
- 衣服（褲子）左右兩邊鈕子錯位 1/4 吋以上
- 口袋弓起或歪斜
- 斷紗、斷頭（紗）、少針，導致破洞
- 印花缺陷
- 內裡外露
- 任何讓衣服（褲子、裙子）整體外觀不平整的現象

2. 看布料

- 布料的質感
- 布料的彈性

3. 看車線

- 車線到頭時，（例如遇到沒有連接的地方）沒有打倒回針或至少打 2-3 針
- 鈕釦孔跳針、剪斷、針跡不牢、不完全牢固，或中心位置不對、不夠牢
- 不規則或不平直的車線，導致整體外觀不平整
- 針頭外露

4. 看配件

- 拉鍊不能拉攏
- 拉鍊車的太緊或太鬆，導致拉鍊凸起或口袋不平
- 鈕釦內外顛倒

功課 3

你具備看貨的基本知識嗎？

通常批貨的第一步都是看外型，外型 OK 了，才會去注意服裝的細節。因此賣家最好也要具備材質、款式、車工等看貨的基本知識。最簡單的看貨技巧就是檢查瑕疵，服裝的瑕疵越少，表示衣服的品質也不會太差。

殺價可不能心軟

很多人常認為到大陸買東西就要拚命砍價，我就以廣東離香港最近的城市深圳為例，從香港進入深圳海關後，右前方就是知名的羅湖商業城。在 2000 年之前，羅湖商業城是不少台灣創業者批貨的第一個灘頭堡，因為距離近，只要過了深圳海關就可以批貨，便利性大增。

不過，像羅湖商業城這種原本是批貨的地方，也逐漸失去原有的風貌。隨著觀光客日益湧入，現在新手去羅湖商業城大概也只能被當成觀光客一樣，因為現在的羅湖商業城比較接近觀光商業城，加上新手賣家拿的貨也不會很多，也拿不到好價錢，因此較不具利潤。

至於距離深圳一個半小時車程的虎門，畢竟是華南服裝的批發重鎮，去到那裡的本來就以商旅客居多，因此服裝定價比較貼近批發行情。

不論如何，去虎門也必須秉持「貨比三家」原則。虎門的商業城很集中，在逛的時候，看到有興趣的服飾，不必客氣，進去就問批價，不合意就殺價，如果談不下來也不必失望。這麼大的賣場，一定還會有你看中意的服飾。這些檔口的小姐是很會觀察人的，你是不是生手，她們一望就知。如果你的態度猶豫，説話不是很有力肯定，她們一看也知道你是第一次來批貨的菜鳥。

如果可以的話，最好能兩人結伴同去，除了交叉掩護，兩人合起來拿的貨再怎樣也比一個人拿得多，而且兩個人也遠比單槍匹馬一個人跟商家對砍來得有效多了。

如何準備個人行李

第一次到廣東批貨，除了該準備的東西之外，最好不要帶太多行李，以便把空間留給許多可以自己帶回來的服裝，這樣也可省下不少貨運的費用。所以帶些用完即丟的隨身物品，也是不錯的想法。

由於行程中有一大段是搭客機，過去航空公司對超重的行李總是睜一隻眼閉一隻眼。近年來由於國際油價飆升，航空公司當然不願意做賠本生意，所以現在對於行李重量都抓得比以前要嚴。

目前飛香港線與澳門線的航空公司不少，光是飛香港線就有中華、國泰、泰航、長榮、港龍等航空公司，飛澳門的也有澳門（航空）、長榮、復興等，這些航空公司對於行李的重量上限也大同小異。以經濟艙來說，隨身行李重量以 7 公斤為上限，托運行李以 20 公斤為上限，另外還可以再帶一個包包（只要不是超大型的登山背包，一般來說，航空公司是不會說話的），因此算起來總共可以帶三個行李。

我的建議是最好把內衣褲、個人保養用品、藥品、充電器等生活所需行李都集中在可攜帶上機艙的隨身行李箱中，然後可承重 20 公斤的托運大行李箱則空箱帶過去。至於證件、相機、文具等需要隨身攜帶的用品，則放在隨身攜帶的包包內。

行李箱、衣服可當地買

當然，如果覺得還要帶個大型托運行李箱過去批貨，在去程的通關過程覺得麻煩，也可以在廣州梓元崗的皮件商城附近再買。價格根據不同品質，有的大行李箱價格低到 150 元人民幣，這完全依個人所需與方便性來決定。

到外地批貨，回程的行李重量絕對比去程時多，所以整理行李時就要秉持「能丟就丟，能小就不大」的原則。

有些東西最好都是拋棄式的。像內衣褲和襪子便是，如果 5 天的行程後還要把穿過的內褲和襪子原封不動帶回台灣，不僅占行李空間，而且也不衛生。所以如果不排斥拋棄式內褲或襪子的話，只要買一包就足以應付幾天的批貨行程了。

另外，台灣的拋棄式商品，在大陸叫做「一次性」商品，台灣的男同胞們可不要聽到「一次性」就以為是一夜情的意思喔。

至於要帶哪些衣服呢？由於廣東的地理位置和緯度都較接近台灣，濕度、溫度不會差太多，甚至台灣下雨，深圳、虎門附近也都籠罩在同一個雲系之下。我建議讀者出發前，最好看一下大陸的氣象網站，看看廣東未來幾天的天氣。這裡我介紹幾個比較實用的氣象網站，一個是「中國天氣網」(http://www.weather.com.cn/guangdong/)，這個網站以地圖顯示廣東幾個城市的天氣預報，滑鼠移到城市上就會有相關天氣説明。另一個「2345 天氣預報網」(http://tianqi.2345.com/guangdong_dz/15.htm) 也不錯，點擊列表中的城市，就能看到未來 15 天的天氣預報。

基本上，反正你都要去華南最大的服裝批發中心，還怕沒衣服穿嗎？所以即使是冬天也大可不用帶太多衣服過去，夠用就好。如果到廣東那幾天突然變冷，就在當地商場買，價格也實惠，還可順便體驗服裝的品質。

還有去廣東批貨，不用把最好的衣服穿過去，穿得越普通越簡單越好。畢竟出門在外，不需要告訴別人你的穿著有品味。而且批貨的地方各種人都有，大家都帶著現金，自然也會是扒手覬覦的對象，所以低調是自保的不二法則。

另外，女生如果習慣帶保養品出門，切記只要帶夠用的量就好，不要整罐帶過去。根據最新的航空法規定，整罐液態的東西只要超過 100ml，就不能帶上飛機，小心在機場通關時被迫開行李檢驗，把你所有放在行李箱中的保養品全部丟掉。最好的辦法就是去一些專賣瓶瓶罐罐的店，只要花點小錢就能買到很多夠用的小圓盒或小罐子。這些用來裝乳液、精華液、化妝水等保養品最實用了。

保養品裝在小罐中，可減輕行李重量

避免被扒，千萬不要背雙肩背包

到廣東批貨可不比跟團，所有事情都要靠自己，尤其護照與台胞證是你在大陸唯一的身分證明文件。萬一掉了，你等於是個完全沒有法律保障的人球。所以在避免證件遺失方面，我強烈建議大家，千萬不要背雙肩背包去批貨。廣東外來人口非常多，人口複雜，因此，更要避免讓扒手有可乘之機。

雙肩背包的致命缺點，就在於你走在路上完全不知道扒手是不是正在打開你的背包。

你有可能正在路口等著過馬路，後面的人欺上來，壓著你的背包，一手扶著背包底部，一手拉開拉鍊，等你發現時，扒手早已經得手了。所以絕對不要背雙肩背包去批貨。

簡單的單肩包會比雙肩背包更安全

批貨所需配備

到廣東批貨，有些配備是一定要的啦！

一雙好穿的鞋

去批貨，一雙好穿的鞋子是最重要的隨身配備之一，因為不管到哪個城市批貨，鐵定要走很多的路。我估計到廣東批貨，平均一天要走 8 ～ 10 公里的路，有時候甚至更多，大概比平常在台灣要多好幾倍，所以絕對不要穿新鞋，最好是穿雙自己習慣的鞋子。別管鞋子醜不醜啦，反正又不是要上台走秀。總之，好穿的鞋除了能讓你走更遠的路之外，還能避免你的雙腳起水泡。

一雙舒適耐穿的鞋可讓批貨行程更順暢

信用卡

很多人常問，去廣東批貨到底要帶幾張信用卡去呢？我的經驗是，不管你手上有多少張信用卡，最多帶兩張就夠了。信用卡的用途主要是用在飯店住宿上，平常不管是搭車、吃飯，多半還是用現金。至於帶哪種信用卡，最簡單的就是一張 VISA、一張 MASTER，基本上就夠了。不過切記，離開台灣刷卡，發卡銀行會酌收 1.1% 的國際匯率手續費。

提款卡

提款卡的用途在於如果你批貨到第 3 天，帶去的現金就已經花光了，這時候提款卡就能夠派上用場。首先看看你的提款卡是不是有 PLUS 或 CIRCUS 的標誌，有的話就可以在大陸直接提領人民幣。

就我所知，目前國內中國信託銀行、中國商銀、第一銀行、國泰世華、還有玉山銀行的提款卡，都可以在大陸的中國銀行、建設銀行、交通銀行、招商銀行與農業銀行的 ATM 提領人民幣現金。這絕對可解手頭缺錢的燃眉之急，但前提是你的銀行戶頭必須要有存款。

計算機

這不用說了吧，去批貨不帶計算機怎行呢？不過，不要帶那種上面還黏個 10 元硬幣的桌上型計算機，盡量帶輕便點的。如果忘了帶，現在手機都有計算機功能，緊急使用也還湊合得過去。

筆記本、筆

隨手有筆記本就可隨時記下買了哪些商品，或是想到的任何事情。別太相信你的腦袋，5 天下來看過的檔口絕對不是你的腦袋記得住的。所以還是乖乖帶個筆記本去吧。

至於筆記本大小，只要 B5 大小的一半就夠了，一切以方便為原則。另外記得帶兩枝筆，這是「莫非定律」，總是會有一枝筆在緊要關頭寫不出來的。反正在飛機上還要填入出境單，帶著筆總是對的。

去批貨記得一定要帶計算機

筆記本可隨時記下你批了哪些貨，或任何想到的事情

布尺

布尺在批服裝時特別有用，因為它可以讓你更精確的測量衣服、褲子的尺寸。不少衣服都是以大、中、小標碼的，這時候你就知道手邊有一條布尺能幫多少忙了。還有布尺最好從台灣帶過去，因為有人發現在大陸買的布尺有偷尺碼的嫌疑，意思就是如果你用在大陸當地買的布尺量衣服是 34 吋，可能回到台灣量時會發現怎麼少了 2 吋？所以最好還是從台灣帶過去吧。

如果沒有布尺，這種伸縮尺也是可以的

如果怕布尺收起來時麻煩，那也可以買能自動回收的伸縮尺，反正只要有公分和英寸單位就能用了。

彩色自黏書籤

可用來標示重要的採購內容或記事，這種小文具用途非常廣泛。我發現，批貨的人常常幾天下來已經頭昏腦脹，搞不清楚自己批了哪些貨。在標籤上註明事項，有助於讓你的採購行程更有條理。

A4 信封袋

有時候一些開銷可以拿來報帳，如果隨手一塞，很可能幾天下來就忘了這些單據放在哪裡。信封袋的好處是可以把這些單據收納好，這樣一來，等回到台灣就很方便報帳了。

隨身數位相機

去批貨，數位相機一定不可以少，隨身相機是最佳選擇。如果你已經在檔口批了貨，當然希望能夠拍照存檔，這時候檔口的店員都會同意讓你拍照的。但記得在人聲鼎沸的商場內，數位相機的閃光燈要記得設定成「強制關閉」，這樣才不會太引人注意。

有錄音功能的 MP3，可聽音樂又可錄下重要的批貨訊息

千言萬語抵不過一張照片，因此數位相機是批貨的好幫手

三聯式標準估價單

估價單是預防如果你一開始沒能和貨運行接上線，就自己先去批貨，這時候手上有本估價單至少會讓你在批貨時比較有條理。

服飾照片或流行雜誌

事前做功課時所蒐集到的最新流行服飾照片，只要不是很占空間就帶著走，如果是在網路上蒐集到的就列印下來，如果是雜誌上的照片，不要整本帶過去。流行雜誌每本都很重，你不可能一邊拿著幾本雜誌一邊批貨，因此最好是去彩色影印，放在透明文件夾中，這樣就很方便攜帶了。

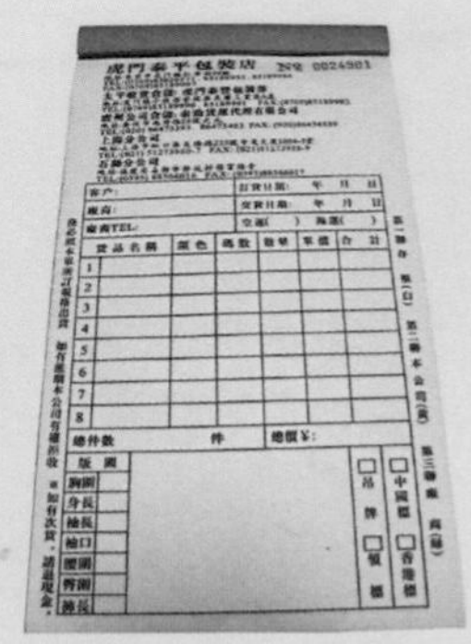

批貨前記得去拜訪貨運行，順便拿一本批貨三聯單

各種充電器

現在各種隨身電器大都有專用充電電池，因此手邊的充電器也越來越多，通常去批貨至少會帶手機、數位相機，如果還要帶 MP3（MP3 還有一個好處，就是可錄音，如果在不方便用筆記本記事的場合，用 MP3 就可立即把事情記錄下來，非常實用）或 PDA，那至少就要帶 3 種充電器隨行。

大陸的電壓是 220V，和台灣的 110V 不同，不過，現在的充電器多半已是全球通用，也就是說可容許的電壓範圍為 110V ～ 240V，只要檢查充電器背後的說明就可以了。

至於插座，根據我的經驗，廣東的酒店房內都有提供各種形式的插座，有適合台灣插頭的插座，這點不用擔心。通常一個酒店房間的電源插座都在 3 到 4 個之間，但現在我們身邊有越來越多需要充電的 3C 產品，電源插座太少就很不夠用，所以我現在出國都還會帶個三向插頭，這樣就可以同時為幾個設備充電了。

藥品

出門在外，緊急應用的藥品記得帶一些，像是萬金油、綠油精或簡單的感冒藥，當然如果怕不適應廣東的飲食，最好也帶些健胃散、正露丸之類的藥品。

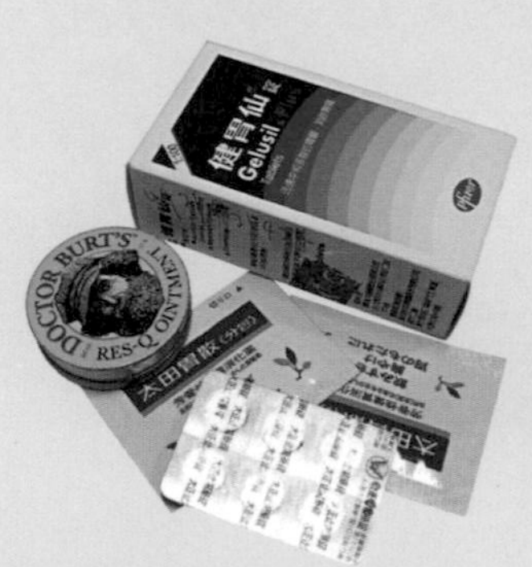

出門在外，隨身藥品不可少

護照、台胞證及影本

很多人到了機場才發現不是忘了帶護照就是忘了台胞證，所以出發前一定要記得再檢查一次。

另外，最好將護照及台胞證各影印一份另外存放，萬一在路上掉了任何一份，至少在申請補發時會比較方便些（雖然證件掉了都很麻煩，但是總比無法證明自己身分來得好）。

護照、台胞證、廣東省地圖都要小心保管

如果要走水路，到現場時，記得要買船票

大陸當地手機儲值卡

到了廣東想打電話回台灣，第一也是最簡單的方法，就是用台灣手機直接打電話。台灣的手機當然可以帶到廣東使用，因為台灣的電信公司都和亞洲國家的電信公司有簽約合作，而且在廣東，手機也不會出現亂碼，但記得出發前先和電信公司確認，你的手機是否開通國際漫遊。不過，國際漫遊的費用不便宜。

另一種是從酒店客房打電話回台灣，同樣也算長途電話費，打回台灣的方式是撥 00 ＋ 886 ＋區域號碼（如果打回台北市，只要撥 2 即可，以此類推）＋電話號碼即可接通，但是先要問櫃檯能不能打越洋電話。

除了打回台灣外，到了廣東當地，你可能會需要和虎門或廣州的貨運公司聯絡，如果這樣還用台灣的門號打，費用會滿高的。所以到了廣東，就抽點空去買張大陸的手機儲值卡吧。

大陸不像台灣每個人幾乎都有固定門號，因為人民遷徙頻繁，廣東的人口有超過一大半都是外來人口，想辦固定門號手機不像台灣這麼簡單（當然也是怕外地人辦了固定門號，到月底結帳時一走了之，電信公司去哪找人要錢？）。所以只要你接觸久了，就會發現廣東的人幾乎都是用儲值卡（也就是台灣的預付卡）。

大陸的行動通信公司，主要是中國移動和中國聯通這兩家。這兩家公司底下有各種資費的預付卡，常見的有神州行、動感地帶、大眾卡及全球通。神州行和全球通可以在台、港、澳漫遊，動感地帶和大眾卡則只能在當地使用。

還有，雖然廣東聯通（中國聯通的廣東子公司）的如意萬眾卡、世界風、如意通、新勢力這些電話卡都有提供單向收費，中國移動的全球通有接聽電話是完全免費的「暢聽 99」方案，不過，並不是所有的單向收費套餐就比較便宜。

像中國聯通、中國移動等行動通訊門市可買到儲值卡

我的台商朋友建議，如果是常駐大陸的台籍幹部，又有一定通話量的話，那麼「全球通」可能是較好的選擇。如果是到大陸短期出差（像是到廣東批貨），在通話量也少的情況下，那就用「神州行」；如果拇指神功超強，是簡訊族的話，那就考慮「動感地帶」吧。

大陸幅員廣大，連手機的收費方式也很複雜。像有的是雙向門號（打電話和接電話都要錢），有的則和台灣一樣只有打出去要付費，接電話不用錢（又叫做單向門號，但門號會貴些）。另外還有區域限制，如果你是在廣州買的單向卡，越區（像到珠海或深圳）接電話就變成漫遊了，還是會從你的儲值中扣錢的。

目前大陸手機儲值卡的儲值金額分為 50 元、100 元和 300 元人民幣 3 種，通常如果只是幾天的行程，先買 50 元的儲值卡就夠了，平均一分鐘的費用約 0.3 ～ 0.4 元人民幣。如果真的不夠打，可以到通訊行（像是看到中國聯通或中國移動招牌的通訊行），或是一些雜貨店都有提供加值服務（大陸當地叫「充值」）。

至於大陸買儲值卡的地方，除了中國移動、中國聯通的門市之外，很多雜貨店或路邊都有小攤在賣儲值卡。我曾在虎門市的大同酒店斜對面路口的雜貨店買過，在廣州則是在荔灣路新大新百貨一樓門口的攤子買的，也曾在深圳羅湖商業城買過，反正到處都有得賣。

另外第一次買儲值卡時還要多付 50 元人民幣的押金，所以記得要準備 100 元才能買到儲值卡。還有，不管是第一次買儲值卡或日後的充值，都要確定手機有收到開通或充值成功的短信（也就是簡訊啦）後再付錢喔。

到廣東後記得買張當地的手機儲值卡，打當地電話會省很多錢

預留緩衝時間

雖然廣東是距離台灣最近的服裝生產基地，不過採購時還是要注意，從下單到生產、運送還是需要一些時間。雖然從下單到收到貨物的時間，應該不會超過 2 星期，但總是抓鬆一些比較保險。

另外，第一次去，最好準備 5 天的時間。剛到的前兩天，別急著下單，多看看，做做市調，因為同一件衣服可能因不同的店家，價差高達一倍，太早下單，到第 3 天你可能就後悔了。

有了這些基本的事前準備，接下來就要準備出發了。

批貨成本教戰 Step by step

仔細計算究竟出國一趟要花多少錢，一趟要批多少貨回來？賣完貨的利潤能不能分攤所有的開銷？

單趟採購成本評估

不管哪一行業，經營的原則就是如何以「對的成本」找到「對的產品」，並以「對的價格」賣給「對的顧客」，經營方式不外乎：

1. **先設定定價與利潤，再去尋找符合這兩項目標的產品。**
2. **先找到產品，將進貨成本與附加的人事、營管成本累加後，再乘上設定的利潤，訂出產品售價。**
3. **找到符合市場與目標客層需求的產品，設定產品售價，降低進貨成本與人事、營管成本，以擴大利潤比。**

降低成本＝提高利潤

當然第 3 種做法是最理想的經營方式，所以說降低各種成本永遠是經營事業最基本的原則，尤其現在網拍盛行，許多網拍商品的利潤就是 40 ～ 50 元，所以網拍業者無不絞盡腦汁，利用各種方法降低成本，像是利用郵局的便利袋、便利箱，就能大幅降低運送成本。

想想看，用一個 55 元的便利袋將商品寄給賣家，比起用包裹郵寄，起碼省了 25 元。如果利潤只有 50 元，郵寄費用省 25 元，銷售利潤等於提高 50%！

所以呢，不管哪個行業，降低各種開銷成本，就等於提高利潤。

成本最重要

不過，很多剛創業的人，都沒有仔細計算過究竟出國一趟去批貨要花多少錢？一趟要批多少貨回來？這些貨賣掉後的利潤是比出國批貨的費用來得多？還是少？

如果只是出國旅遊散心，順便帶些商品回來賣，這就不是創業，只是玩票。而玩票性質的上班族，帶回來的貨所賣的利潤，根本無法攤平飛機從桃園國際機場起飛後，一直回到台灣的所有開銷。

批貨本來就需要成本，假設出去一趟批了 100 件服裝回來，每件服裝所攤提到的成本，當然會比一次批 200 件服裝多了一倍，這是去國外批貨都會遇到的問題。所以究竟一次要批多少貨，我們還是得先把出去批貨的所有成本算清楚。

到外地出差，所有的開支不外乎食、住、行、育樂等。我們就以 5 天的批貨行程（廣州 2 天，虎門 3 天）來檢視交通、住宿、飲食及預備金的預算。

Step by Step 教你計算交通費

機票

大家出國的旅遊經驗中，一般都是向旅行社購買機票，會比直接向航空公司買便宜，不過港澳線卻相反。根據我向一位旅行業者請教，他認為跟航空公司買港澳線的機票應該會較便宜。

另外，不同航空公司也會因其主力航線不同，也使得這家航空公司港澳線的票價有高有低。像是泰國航空可能是飛台港線的航空公司中價格最便宜的。因為它一天飛台港線的班機才兩班，而且班機是要經香港轉曼谷，所以才會想以低價搶市場。

台港航線中班次最多的要屬華航和國泰航空了，這都是兩家航空公司的黃金航線，班次選擇性也高。

現在買機票，除了直接打電話到航空公司，就是上旅遊網站看看能不能找到便宜機票。像是易遊網 ezTravel（http://www.eztravel.com.tw/）、易飛網（http://www.ezfly.com/），網站內都有銷售各種機票，或上背包客棧（http://www.backpackers.com.tw/forum/），點擊首頁的「機票比價」，有時候能找到挺便宜的機票。

在網站中看到的台港線來回機票，最便宜的是新台幣 4,000 元以下（不含機場稅及兵險費等稅金），最貴的是 14,154 元，主要差別在於票期。最便宜機票的票期只有 14 天，最貴的則是一年票期。

另外，台澳線來回機票，最便宜的是新台幣 4,200 元，最貴的是 12,000 元以上。不過要注意很多票價都還沒有含機場稅及兵險費等稅金，買票前最好先向航空公司問清楚，再比較哪種訂票方式便宜。

在來回機票的費用上，我們就抓平均值新台幣 7,500 元好了。

交通費用之巴士、火車

如果從香港國際機場搭巴士到廣州的話，單程票港幣 230 元 ×2。如果搭火車的話費用較低，但我們還是以港幣 460 元為準，從澳門國際機場來回廣州也抓港幣 460 元（約新台幣 2,200 元）。

另外，加上在廣州搭地鐵所需的羊城通（悠遊卡）人民幣 80 元（約新台幣 340 元），買手機儲值卡人民幣 100 元（約新台幣 430 元），以及預估預留的計程車費人民幣 150 元（約新台幣 650 元）。

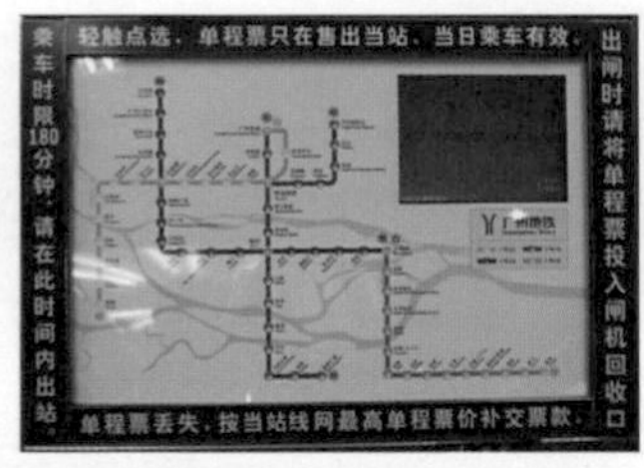

搭地鐵方便又省錢

廣州公交車是廣州人的主要交通工具，批貨搭公交車很方便

買「羊城通（等於台北的悠遊卡）用完後可在當地 7-11 充值

Step by Step 教你計算住宿費

只要避開每年的廣交會，住廣州的平價連鎖酒店，平均一晚只要人民幣 200 元即可，至於虎門的酒店房價則以一晚人民幣 250 元為準。

如此 4 個晚上的住宿費用為

（200×2）+（250×2）=人民幣 900 元（約新台幣 4,300 元）。

廣州荔灣路 7 天連鎖酒店，路口只有這個招牌，不小心可能錯過

有空調、有線電視和寬頻線，這樣的房間一晚只要人民幣 158 元，應該很不錯吧

Step by Step 教你計算伙食費

很多人對在廣東該怎麼吃感到很煩惱，但每個人的口味以及對當地食物的容忍度都不相同，所以我很難推薦讀者吃什麼。不過我也發現，如果想省錢的話，虎門、厚街都有很多台灣小吃，一餐下來大概人民幣 20 ～ 25 元就能搞定。但如果要去規模比較接近台灣拉麵店的地方吃飯，一份拉麵套餐應該是人民幣 30 ～ 50 元就可以了。到廣州的話，價格也不會差太多。如果能入住提供早餐的酒店，至少不用煩惱早餐要吃什麼了。

我們就以一餐人民幣 40 元來抓預算好了

5 天總共 10 餐的話，飲食費用就等於人民幣 400 元（約新台幣 1,700 元）。

如果敢嘗試，這種當地人吃的快餐，價格都不貴，我吃了好幾餐，沒事

如果到廣州批貨一下子不知道要吃什麼，麥當勞也是個選擇

Step by Step 教你計算批貨費

通常第一次去廣東批貨的人都不知道到底要帶多少錢過去，如果平均一個月要進 10 萬元的貨，第一次去就帶一半的費用，也就是 5 萬元就好了。

因此也不要因為去廣東批貨，就把台灣這邊的貨源都切斷，畢竟開發新的貨源需要時間，而且多一個管道，也就多一個選擇。

剛開始去廣東批貨，一切都還不穩定

所以第一次去批貨，費用就抓 4 ～ 5 萬元。

Step by Step 教你計算運費

和到日本批貨不同的是，到廣東批貨的貨物大都會走海運回台灣，而海運的運費和材積有關，只要查一下專門提供兩岸貨運服務的網頁，就可查到從廣東東莞海運到基隆五堵海關的運費。服飾配件為 100 元／材，皮包、零錢包等包類為 120 元／材。

不過，要小心的是，這裡的費用只是很單純的海運費，還不包括到台灣海關後的報關費、拆櫃費、提單費，以及從海關到台灣各指定地點的內陸運輸費用（因為你總不會想要自己跑去海關領貨的）。所以保守估計，從廣州、東莞一直到台灣指定的地點為止，一材的運輸通關費用大約是 300 ～ 350 元新台幣。

各家公司或運費不會差太多，重要的是他們的報關服務。不過，海關稅則不是我們這些小老百姓搞得懂的，這只能說是原則，所以貨運行都會和賣家事前詳細溝通，確定要海運回來的貨物適用哪個稅則。

又是一包包的皮件準備出貨了

至於怎樣計算材積，假設這次要海運回來的所有服裝可裝進 60×60×60 公分的箱子，這就表示這個箱子等於 7.62 材，海運回來的費用就等於 7.62×300 元＝ 2,286 元。

不過，貨運費用真的變數很大，冬天和夏天服裝的體積就差很多，所以就暫時抓新台幣 2,500 元。

材積計算方式

一材 = 1 Cuft（ 1 Cubic Feet 立方呎 ）= 長 × 寬 × 高（公分）× 0.0000353

Step by Step 教你計算預備金

預備金方面，我建議準備人民幣 2,000 元（新台幣 8,400 元）。因為這些錢可能會用在批貨上。像這次去廣東時，同行友人買到最後，身上的人民幣全都花完，但最後一天還是淘到喜歡的服裝，所以向我換了人民幣 500 元應急。所以多換一些人民幣在身上會比較保險。況且未來人民幣匯率還是持續看漲，就算第一趟去用不完，也許幾個月後要再去批貨時，還會賺到匯率。不過預備金與批貨費用一樣，我就不列入去廣東批貨一趟的費用了。

多換一些人民幣比較保險

因為不管你是去五分埔、日本、南韓，還是廣東批貨，都要有採購資金，而是説我們必須把去這些地方的費用平均分攤到當次所批購的貨品中，所以在計算預算時，自然不能把批貨費用算進去。

最後，我要提醒大家，上面所估的費用都是以一個人的批貨行程來估算，各單項不見得很準，但有的多估，有的少估，除非晚上還要去足浴、蹦 D，或是其他夜生活，否則總金額一定會低於預估值（其實，如果是再精打細算一點的人，一趟 5 天的廣東批貨行程，總花費在 18,000 元算正常）。

最後，我們把所有的費用加總，看看去一趟廣東批貨大約需要多少錢。

機票預算	7,500 元
長途巴士、羊城通、計程車資	3,620 元
住宿預算	4,300 元
飲食預算	1,700 元
貨運預算	2,500 元
合計	新台幣 19,620 元

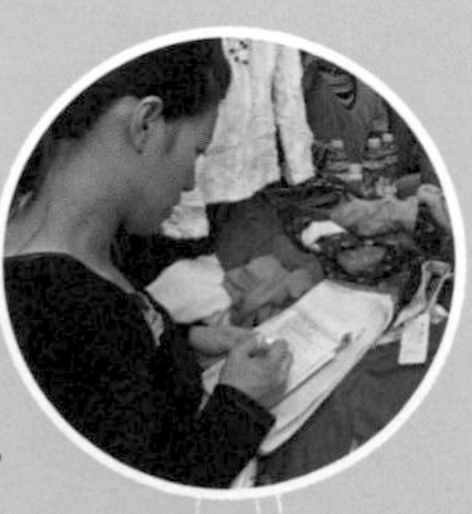

批貨流程大公開

選貨、議價、付款、填貨運單、通關報稅、運回台灣……
有哪些訣竅或該注意的事情？

批貨流程大公開

我問過好幾位在台灣開店或網拍的服飾賣家，為什麼不願意到廣東或其他地方批貨，讓自己在貨源上多一些選擇？他們的答案常常是：「去那邊又不知要到哪裡批貨，批了貨怎麼帶回來也不知道，搞不清楚狀況，只好在台灣批貨了。」

幾個人一起淘貨，比較有伴

因此對台灣的商家來說，除了知道到廣東後該到哪些批發商場批貨外，還需要知道怎樣批，有哪些訣竅或該注意的事情，以及如何把批到的貨運回台灣等重要資訊。

其實到廣東批貨和到五分埔、安寧街或各地的後火車站批貨並沒有太多差別，不外乎**選貨→議價與訂貨→委託貨運到指定地點**。不過，從廣東運回台灣中間就多了好幾個陌生環節需要一一克服。我把到廣東批貨的流程一步步寫下來，這樣就很容易理解。

批貨流程如下

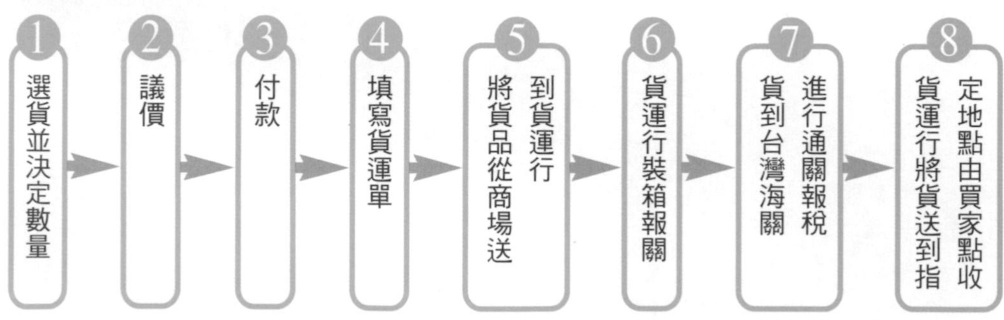

這樣就算完成一次的批貨流程

請注意，檔口前的包裹是要運到山西大同的

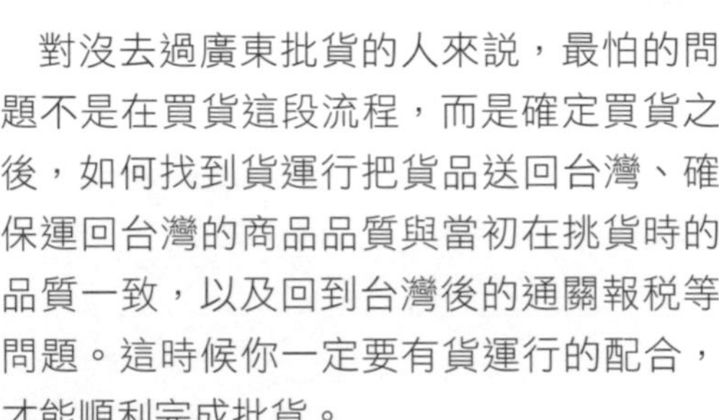

對沒去過廣東批貨的人來說，最怕的問題不是在買貨這段流程，而是確定買貨之後，如何找到貨運行把貨品送回台灣、確保運回台灣的商品品質與當初在挑貨時的品質一致，以及回到台灣後的通關報稅等問題。這時候你一定要有貨運行的配合，才能順利完成批貨。

另外，關於第 3 個流程──付款，也是台灣人去廣東批貨的另一個較大的疑問，那就是如果錢先給了檔口，會不會對方拿錢不認帳？其實剛開始幾次去批貨，買賣雙方都不認識，我們怕他們，他們還怕我們咧。其實大家都一樣，賣方也怕把貨交給買方後，買方落跑，他不是也賠本嗎？所以和買家不熟的情況下，一定是一手交錢一手交貨，檔口通常都有預留商品，所以很少會有剛好你看中的商品，而檔口沒貨的情形。

訂做划算？還是買現貨划算？

如果以服飾業來看，一般說來，買現貨的總成本一定比訂做低。因為訂做至少就多了打版費，而且下單的最低訂貨量也比拿現貨要多很多，通常檔口或寫字樓（辦公室）對下單生產的最低訂貨量多半是要一支布，一支布如果是做短袖服裝的話，大概可以做 30 件。

一般說來，虎門或廣東的檔口，其背後的工廠只要稍具規模，每星期都會推出 20 ～ 50 樣新款。如果客戶直接根據這些款式下單，等於少掉重新打版的費用，成本一定比自己帶版過去生產要來得低。

而且現在去虎門、廣州或深圳拿現貨的話，都是以一次在檔口拿的總量來看，即使每款只拿 3 件，只要合起來有十幾件，檔口一樣會算批發價的。

另外，像皮件及鞋類，則是看款式、皮材、輔料，訂做與拿現貨的比率則是一半一半。因此，如果是剛開始到廣東批貨或是店面規模不大的人，最好還是先從現貨採購做起，等事業有一定程度，或者確定商品一定能大賣，再試著下單訂製。

練就挑貨的眼光、談判的技巧

服裝業最大的問題就在於產品壽命很短，想入這一行，至少要練就一雙挑貨的火眼金睛，否則光是庫存就足以壓死一大堆人。雖然網拍業者他們挑貨的眼光好，但再怎麼好總是會有庫存，而買現貨至少可以做到少量多樣，盡可能降低庫存風險。

殺價沒技巧，量多就好談

由於現在批發生意越來越難做，因此不管是廣州、虎門還是深圳，批發市場反而沒零售市場那麼複雜。服裝批發的原則就是拿得多，批發價就低。

由於現在很不景氣，服飾批發的生意也越來越競爭，過去很多檔口在批貨數量上都很硬，單款單色開口就要 10 件。不過，

拿貨後，還可請專櫃靚女充當模特兒留檔

如果遇到厲害的買家，3 件也談得下來，當然如果第一次去，檔口的靚女們欺生，拿的件數少，可能每件得貴個 2、3 元人民幣。不過即便是這樣，還是比一次得批個 10 件，回來賣不掉來得好吧。

如果是皮件，也是得看情況，有些皮件都得下單生產，有些則是有現貨可拿，檔次不一。鞋類則是一款要拿 4 ～ 5 雙的連碼；飾品、小商品通常都是合起來拿一定的量（像一次總共拿 12 件）就可以拿批發價。

如果拿的量少，其實很難砍價。在虎門、廣州，這些檔口都是做批發生意的，價格自然都不會標零售價，所以量與價的相對關係再簡單不過了。拿得多單價可低些，拿得少，肯讓你批貨也算不錯了，這真的只能看著辦。如果覺

每個檔口都是詢價的買家

團員又找到目標，開始批貨了

得檔口給你的批價不夠好，那就拿張名片，記下你喜歡這家檔口的哪些服裝，然後再往下一家去找，反正檔口這麼多，不用怕批不到好貨。

總之，要想清楚，自己是開實體店面，還是想從事網拍，把自己的成本算清楚，再加上服裝採購的平均成本及期望利潤，算一算應該就知道自己要賣多少錢。

盡量談到好的付款方式

另外有關付款方式，如果是拿現貨的話，一定是一手交貨一手交錢。

如果檔口說你看上的產品剛好沒貨，需要等工廠生產，這通常需要 5 ～ 7 天。問題是 7 天後你可能已經回台灣了，所以如果檔口這麼說，千萬不要傻傻的就付錢。天底下沒有這種先付款還拿不到貨的事，又不是什麼限量商品。那麼要如何交貨與付款，才能保護自己呢？這時候就是考驗你的談判技巧了。

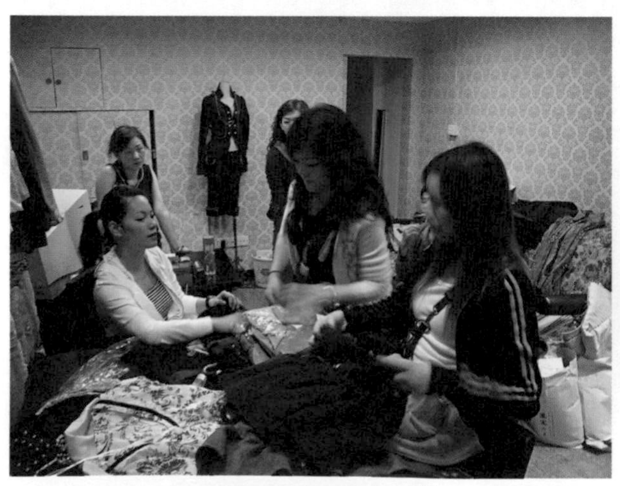

決定要批哪些件了嗎

如果事前不付款，那要怎麼付錢呢？通常兩全其美的做法就是先付一小部分的定金，然後等貨運行將貨品送到買家所指定的台灣地點，買家也清點無誤後，再把剩餘的貨款匯過去，這是最保險的條件。

同樣的，檔口也不會這麼笨，第一次交易，誰也不相信誰，所以通常最後彼此妥協的條件就是當工廠把做好的貨品送到在廣州或虎門的貨運行時，貨運行點收數量正確無誤後，通知在台灣的買家，然後台灣買家就必須同意對岸的貨運行付尾款，買家再把錢匯給貨運行在台灣的辦公室，完成這次的交易。

因此，只要不是自己將貨隨身帶回來，那就一定需要有貨運行的配合，才能完成批貨。

訂金要付多少才保險呢？這還是得看和工廠的關係，如果是第一次去採購，又遇到比較硬的檔口靚女，可能會要求你付一半訂金，如果能把訂金壓低到貨款的 1/3 或 1/4，那表示你的談判手腕很不錯了。

你必須知道的批貨專業術語

到廣東不會講「公東娃」，會不會擔心被當成外地人坑呢？其實這種想法就多慮了。全中國也只有廣東說粵語，南腔北調在廣東是再普通不過了，所以別想太多。我的朋友說得好：「批貨能不能拿到好價錢，關鍵不在於你是哪裡人，而是你的拿貨方式是否夠專業。」

專不專業，首先在於你打扮的方式。不要穿得太淑女，簡單的牛仔褲配上 T- 恤，或者能讓自己行動便利的服裝就可以。畢竟去廣東可不比去日本批貨，穿得越普通，越不引人注意越好。

接著，最好能拉個可用來放行李的行李架拖車，這樣看起來就更專業了。這個行李架拖車不僅中看還中用，等你一天批貨下來，就知道它的好處了。因為在一些檔口拿的現貨不多，又不可能要檔口幫你送到酒店，都得自己用塑膠袋扛。只要拿個幾家的貨，肩上那幾個大塑膠袋合起來的重量保證你痛

看到喜歡的商品就大方進去詢價

小拖車是內地賣家批貨的標準裝備

準備回家的美眉提著大包包裹等同伴

不欲生，而且你可能還要扛著這幾袋批一下午的貨。

這時候，這個行李架拖車就能發揮功效了。因為從各地來批貨的內地姑娘們，幾乎都以行李架拖車作為標準配備，如果你也拖一個，看起來專業多了。

還有不要看到中意的商品就兩眼發亮，露出非常喜愛的表情。這和去血拼時如果露出太喜愛的表情，店員自然不願意降價的道理一樣。

接著就等著開口說話，如果確定那件商品是你想要批回家的，你只要指著那件商品問：**「靚女，這個怎麼拿？」**（記得不要說「這個怎麼賣」，聽起來就不專業了），如果是批服裝的話，接下來就問店員：**「這衣服分幾個碼？幾個色？」**

如果是從小碼到大碼都要拿，在內地的批貨就叫**「一手」**，當然現在大概很少人批貨時會拿「一手」，主要也是為了降低庫存壓力，所以如果確定喜歡，就告訴店員：**「不拿一手，先拿中碼幾個色回去試。」**

說話時記得要果斷，不要嗯嗯啊啊的，遇到不好賣的顏色，就告訴店員：**「這色不好走，不拿，只拿這幾個色就好。」**（在內地，生意人說到賣貨就會以「走貨」來說）

當然你也可以直接問店員：**「哪款比較好走？」**另外賣得特別好的叫**「爆款」**，如果想問哪款賣得特別好，就問她：**「哪款走得最爆？」**

以上提的都是內地商家去批貨時常用的術語，當然沒有說一定要用這些內地的術語才能批到好價錢。但了解內地批貨術語，至少在商城內聽到類似的話，不會有鴨子聽雷的感覺。

保障買賣雙方權益的訂貨三聯單

沒去過廣東批貨的人會以為，如果沒辦法拿現貨，是不是要和檔口簽合約才有保障？因為很多人都擔心去廣東批貨會不會被檔口騙了，所以很多人也常問：「如果沒辦法在現場拿到所有的貨，需要由工廠生產的服裝要不要簽合約呢？」

除非是一次訂上萬件或是一個 40 呎貨櫃那麼大的量，否則像我們這種一次只買個 30、50 件或 100 件的小咖客戶，檔口才懶得跟我們簽合約呢。如果對方真要騙你，錢付了，貨品卻沒來，你會為了幾萬元的貨再花個兩萬多元跑一趟廣東，而且還不能確定找不找得到人？當然，這也是許多人對到大陸批貨最大的疑問。

我認為很多買家之所以會有不好的經驗，問題就在於少了一個第三者，也就是貨運行。

基本上絕大多數的服飾檔口都算規規矩矩做生意，老實說廣東的檔口也很怕我們台灣人。根據我朋友的經驗，就有台灣買家訂了好幾萬人民幣的貨，結果貨品送到台灣，人卻跑啦，也不曉得躲到哪裡去。這下對岸的檔口就追著當地的貨運行要錢，因為這位老兄是我那朋友帶過去的，跑得了和尚跑不了廟，正主不見了，就找到她出來善後。所以說大家對第一次交易的對象都會很小心。

功能繁多的訂貨三聯單

不過，總是要有個文件之類的東西，彼此才能留下訂貨證明不是嗎？沒錯！那就需要一本「訂貨三聯單」。這本黃皮本子看起來沒什麼特別，不過卻是確保買家、檔口和貨運行三方都能在批貨過程中得到保障的文件。

這本功能繁多的「訂貨三聯單」是貨運行給的，裡面除了印有貨運行的聯絡方式之外，還有買家與賣家商號、聯絡方式、訂貨日期、交貨日期，及貨品名稱、顏色、尺碼、數量、單價、備忘區等欄位。以上欄位應該都很容易了解其用途。

至於備忘欄的好處，就是可以讓買家在上面記錄訂單內容的細節，或是直接在上面畫圖。

談好價格，開始填寫訂貨三聯單

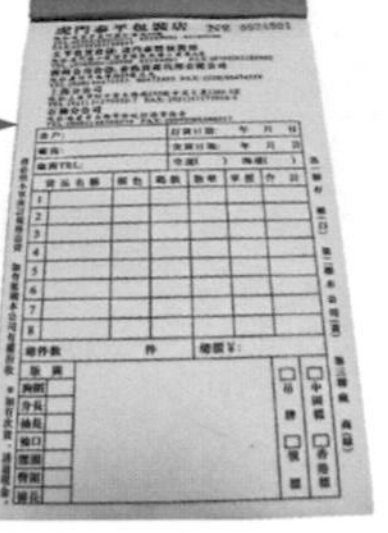

訂貨三聯單很重要

在三聯單上畫上商品樣式

為什麼要畫圖？原因是通常幾天下來，你早就忘了到過哪些檔口，而且光憑訂貨單上貨品編號，是不可能記得自己在哪個檔口批了哪些貨。如果順手把商品的樣式、花色畫在備忘欄，這樣有助於自己回憶，才不會到了別的檔口又批了相似的貨。

另外，更重要的是，如果這些商品是工廠額外生產的，等貨送到貨運行時，貨運員至少可以根據備忘欄上的圖樣做查核。如果送來的貨品與訂貨單上畫的圖形差太多的話，就可以拒收，以免等錯誤貨品送到台灣時，買家就得花更多的時間和精力去處理。由於通常跑 3 天下來，你大概也搞不清楚三聯單上面寫的貨品編號是指什麼商品，所以在備忘區畫上商品的大致樣子，也可以提醒自己到底批了些什麼。

每天批貨完最好都要整理批貨單，才不會混亂

想像一下，如果你是獨自一人跑到廣州或虎門批貨，萬一沒辦法現場拿到所有的貨時，你是要預付所有貨款，還是有更好的做法？

因為你和檔口之間可能只是把訂單內容寫在一張 A4 紙上，並沒有任何看起來比較像服飾批發商場常用的單據來保障彼此的權益，所以這樣的跑單幫模式，風險其實是很高的。因此，批貨前先到貨運行拜碼頭，拿到這本貨運三聯單才能保障自己的批貨行程。

這時候一定有人會問：「那我要去哪裡拿這本三聯單呢？」所以，不管你是跟著批

貨團去廣東批貨，或是自己和三兩好友過去冒險，最好在開始批貨前，先到貨運行走一趟，自我介紹自己是要過來批貨的。這時貨運行的靚女自然會向你解釋怎樣使用三聯單，有任何批貨流程的問題也可以請教這些靚女。

另外，因為貨運行每天做的就是和各個檔口聯繫的工作，當然也可以乘機打聽看看有沒有一些檔口黑名單，這些都是可避免遇到不肖檔口的方法。

至於訂貨三聯單的使用方式如下，首先去批貨時，只要不是現場帶走，或是貨品太多，自己還有一整天的行程要走，那就拿出訂貨三聯單，填寫相關資料（記得一定要填自己和檔口的資料、聯絡方式、預定送貨時間）後，就按照三聯單上面寫的，一聯自己留，一聯給檔口，最後一聯給貨運行留底，這樣貨運行才會知道何時要準備收貨。

批發商場常見的景觀

批貨買家正在跟運貨員核對商品項目

從檔口到貨運行

從批發商場檔口批到貨，到貨品送回台灣會有兩種走法。

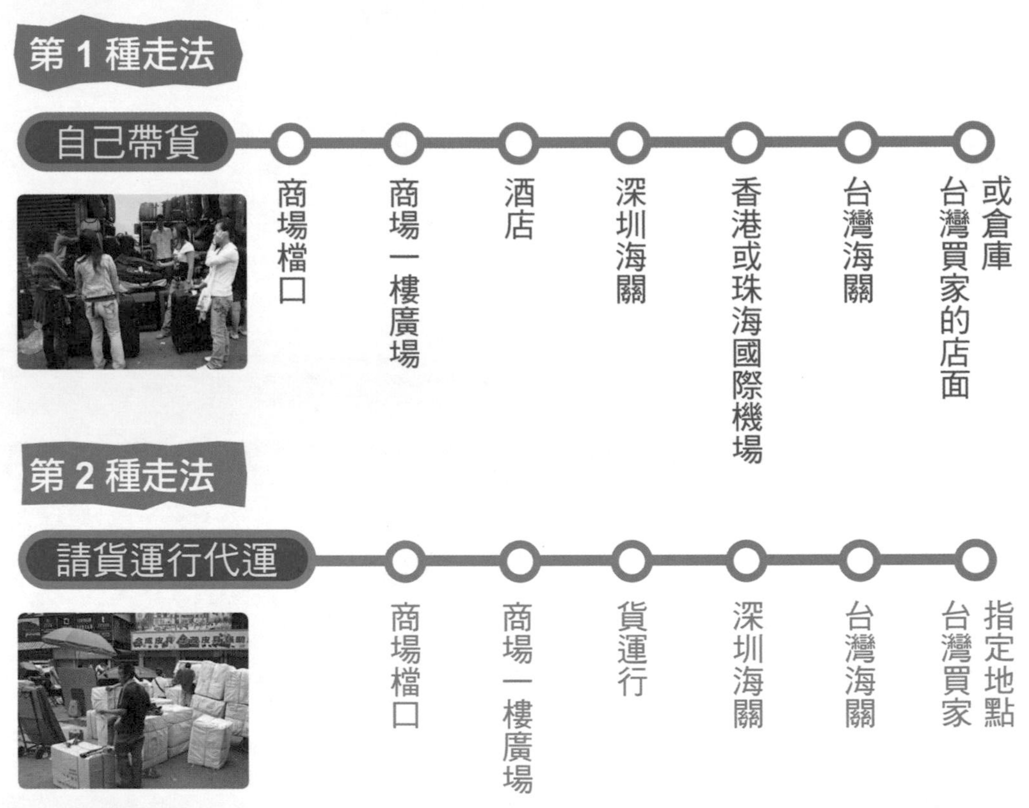

一棟批發商場少則 500 家，多則上千家檔口，通常光是一棟逛下來，每個人或多或少都批了一些貨，到最後可能身上會背了好幾個塑膠袋，而且越背越多，這可是很費體力的事情。因此我的建議是在檔口批了貨之後，請檔口靚女（**在廣東從沒聽過人叫女生小姐，全都叫靚女**）把批好的貨品打包，然後請靚女開一式二聯的「留貨單」，雙方各留一聯。另外要記得，你一定要看著她把你批的貨打包註記好，這樣才能避免糾紛，接著你就拿著檔口開的留貨單再去批貨。

又談成交易了，檔口靚女準備填寫訂貨單

假設一棟商場逛下來總共批了 5 家檔口的貨，手上應該有 5 張留貨單，等到一樓時，就可以把留貨單交給穿著批發商場字樣背心的任一位搬運工。因為不管是廣州還是虎門，有點規模的商場一樓出入口都會有搬運工。這些搬運工都會穿著各商場規定的制式背心，很好認的，請他拿著留貨單幫你到各檔口收貨，你只要在樓下等搬運工將貨品收齊送到樓下給你，這樣的目的是為了讓你節省體力。

根據我的觀察，很多前來批貨的內地姑娘會帶小拖車的原因，就是如果在一個商場批的貨真的不是很多，那就自己用小拖車裝。但，也有很多姑娘一次就批很多貨，那就得請搬運工幫忙拿貨了。至於請搬運工取貨，當然是要給些費用的，我記得費用不算高，好像人民幣 10 ～ 20 元。如果批的貨不算多，自己也有帶小拖車的話，也可以把這筆小錢省下來。

到廣東批貨也可以直接在現場買行李箱

不過，這只是從商場各檔口送到商場的一樓入口處，接下來還有一段是從商場送到貨運行或下榻酒店。

這一段有兩種做法，第一種是乾脆就和搬運工談好，從各檔口收貨一直到整批貨送到貨運行都由他負責，價格另計。另一種做法是搬運工上去收貨時，就在周邊的路上招麵包車（台灣的小發財），接著請搬運工把貨送上麵包車，麵包車再把貨送到貨運行或酒店去。

在廣州，請麵包車送貨到貨運行大概要人民幣 30 ～ 50 元，在虎門因為貨運行離商場很近，費用應該更便宜。

中國標、香港標？

一般來說，只有服飾類才會有標籤的問題，因為標籤牽涉到出產地，如果是皮件、鞋類、飾品、小商品，基本上如果是大陸生產的都會標上「Made in China」的字樣。不過服飾就比較多變化，所以我們還是把服飾的領標加以說明。

首先，當批購的服裝送到貨運行，數量與樣式檢查無誤後，貨運行會等你的訂單全部到齊後，再開始分類。

分什麼類呢？就是領標和水洗標這類的問題。目前大多數的服裝，如果是有品牌的，生產地大都標在領標上，否則就是標在水洗標上面。生產地的差別主要是牽涉到台灣海關的規定問題，倘若服裝是要進口台灣，海關會有一套非常複雜，而且經常變動的規定。

簡單來說，如果是香港標的話，就要從香港走空運來台；如果中國標，則可以走海運。貨運行會盡量讓貨品走海運，因為海運和空運的成本差很多。

香港標比中國標好賣？

很多第一次去廣東批貨的人常常搞不懂什麼是中國標，什麼是香港標，也有很多新手覺得香港標比中國標來得好賣。其實老手們都知道，掛香港標的服裝還不都是從廣東來的，所以香港標其實只能唬些新手。但不管香港標或中國標，都牽涉到台灣海關的規定。

據我所知，台灣海關的規定中，V 領 T 恤、POLO 衫要車香港標走空運（現階段香港只能走空運，還不能走海運，但這規定何時會再變，沒人知道），圓領 T 恤則規定車中國標，可走海運。

至於牛仔服飾也分得很複雜，像牛仔褲裙要車中國標，走海運。前一陣子，牛仔吊帶裙要車香港標走空運，結果現在最新的消息又說牛仔吊帶裙可以車中國標走海運了。

總之，海關的規定很混亂，而且修改的條件和原則也是海關在決定，貨運行毫無置喙的餘地，更別提我們這些老百姓了。這也是為什麼我建議想從廣東批貨進台灣，最好還是不要跳開貨運行。因為如果想自己把採購的貨運回台灣，不管是異想天開的用郵局系統或其他方法，那麼大一箱（或一包）的貨，肯定會搞得你一個頭兩個大，而且如果不按照海關的規定，通常不是被扣在海關，就是反而要付出更大筆的關稅。

另外，由於是台灣海關來決定進來的服

裝是香港標或中國標，所以很多人到廣東批貨時就先不管它上頭車什麼標，等貨到了貨運行後由他們統一處理。

貨運行會根據最新的台灣海關規定開始分類，假設工廠送來的服裝上車的是中國標，但貨運行查了海關規定後，是要做香港標，這時候貨運行就會幫你的服裝改成香港標，當然每件貨運行會再加收 3 毛錢人民幣的費用。

貨運行的運費怎麼算？

至於運費方面，基本上貨運行統包的運費還是有牌價的，而大量的客戶也有大量客戶的優惠價。但如果是第一次去批貨的新手，當然只能按牌價走，除非你多跑個幾趟，貨運行也搞熟了，才有可能和貨運行談看看有沒有好一點的價格。

另外，根據批貨客的經驗，因為每個買家批的貨通常都不會太多，可能 7 ～ 8 材就算多的，所以到時候一定是併櫃一起進台灣海關。如果有人原本應該車香港標（那就表示一定要走空運），但為了省運費，所以就偷偷混在貨櫃裡走海運，或者是把一部分仿冒品混在貨櫃裡，結果被海關抽檢查到，整櫃就被海關扣下來了。所以說，如果你從廣東寄了一箱衣服褲子回台灣，如果又沒搞清楚哪些應該走空運、哪些應該走海運，被海關退回去的機率其實是很高的。到時候為了省運費卻賠了夫人又折兵，那可就因小失大了。

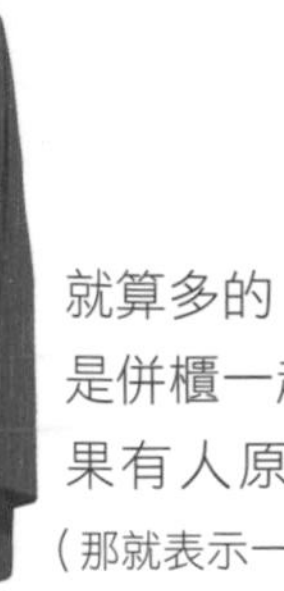

我建議只要沒辦法自己帶回台灣的貨，就委託一家信用良好的貨運行處理，保證能讓你省下寶貴時間，你的商品才能準時上架。

別忘了，Time to market 是開店業者或網拍業者除了具備出色商品之外，另一個成功的要件。

南韓標

台北五分埔有韓國區，裡面很多服裝都是掛韓國標。不過，我這次在虎門也有看到「Made in Korea」的水洗標，這是什麼意思，我就不多說了，大家自己猜囉。

Made in Korea 的洗水標

運費怎樣算才合理？

有關貨運行的費用，一般來説都是有公定牌價的，價格透明可減少紛爭。當然如果遇到量大的客戶，一定會有優惠價的。但我們都是小咖的，所以一開始也只能按牌價走。如果跑熟了，也許以後有些機會可以拿到較好的貨運價錢。

當然，空運一定會比較貴。空運的單價算公斤，而且如果貨品總重 10.3 公斤，會是以 11 公斤計算，這還不包括其他費用。

海運單價則是算「材」。為了給大家有更清楚的容積概念，我特地請教貨運行，得到一個簡單的數據。1 材的體積大約是 30.3×30.3×30.3cm，一般來説貨運回來的量絕不會少於 1 材，如果是以平均 4 材的容量來算，大概可以裝下 150 ～ 180 件棉 T（也就是棉質 T 恤）。至於雪紡洋裝或牛仔類的服裝，大概可裝 120 件。這完全要看服裝樣式，如果是冬季的厚牛仔外套，當然 4 材能裝的數量就更少了。

至於 1 材的運費，目前市面上貨運行開的價格約為 300 ～ 350 元。這已經包括了海運費、台灣海關的報關費、拆櫃費、提單費、關税、台灣內陸宅配運費等。如果有貨運行報的 1 材運費是 150 ～ 200 元，要記得問清楚，有哪些費用還沒算，免得加下來後反而比統包的貨運行報價還貴。

請注意，從貨品運出貨運行一直運送到買家指定的台灣地址，中間至少還包含了下列的相關費用：

- 海運費
- 台灣海關方面費用（報關費、拆櫃費、提單費、關稅等）
- 台灣內陸宅配運費

記得在找貨運行時一定要問清楚他們所報的運費，有沒有包含以上的這些費用。

商場外頭滿是要運送到外地的服飾

關稅問題

至於關稅問題，因為服裝的關稅比鞋類、包包還高，所以很多新手都很擔心關稅這個問題。我必須說，報稅是很麻煩的流程，除非你真想省這筆錢，否則最好還是把報關問題丟給貨運行去處理。

有些不錯的貨運行都會幫客戶把這些問題處理好，所以說找這種提供統包服務的貨運行，好處是他們除了幫客戶把貨品運回台灣之外，還會以其公司的名義為客戶報稅。這些貨運行都是正派經營的，如果是服裝就以服飾的名義報關，包包就以雜物的名義報關，這些都可以丟給貨運行處理。由於都是走正常管道，所以也不會發生被查扣或是要補稅之類的麻煩事情。

兩岸都有辦公室的貨運公司

新邑偉貨運

台北總公司電話：(02) 2756-2851【台北市信義區永吉路 524 號】
虎門分公司電話：86-769-518-9995【東莞市虎門鎮仁貴街 38 號】
廣州分公司電話：86-20-8647-3393【廣州市西灣路 28 號之 9】

長榮貨運

虎門分公司電話：86-769-851-1179

位於虎門鎮仁貴街 38 號的新邑偉貨運行

外貿品能帶嗎？

大陸市場有一種叫外貿品，指的是專接國外廠商訂單的工廠在生產國外廠商的訂單時，一定會多生產 10 ～ 15％的產品，為的是避免生產時的耗損以及國外廠商嚴格的品管退貨。台灣在 20 年前非常流行的外銷服裝，就是這類型的產品（雖然這在台灣已經越來越少見了，但現在台北還是有些專作外銷服裝的店）。

這些服裝的品質基本上都沒有問題，多半是釦子沒縫好、車線沒清理好，或是花紋沒對好等小問題。但當這批訂單已經上船後，多出來的這 10％的貨照合約說是應該要銷毀不能外流的，但……有人或許會說：「有這麼嚴重嗎？」反正台灣以前也是這麼幹的，所以廣東可以找到很多這類的「外貿品」，也就不足為奇了。像最近很紅的 A ＆ F，就可在廣州站西外貿服裝商城區見到。

另外，還有所謂的仿冒品，這其實早就不是祕密了。北京秀水街、上海襄陽市場、深圳羅湖商業城都有類似的商場。雖然這幾年基於全球尊重智慧財產權及反盜版的聲浪，使得中國政府開始嚴打仿冒，不過「野火燒不盡，春風吹又生」，這種事情是供需問題，有需求就有供給，只是比誰的膽子大而已。

因為這些品牌商品在台灣都有合法的總代理，也只有這些總代理才能夠進貨，所以，雖然帶外貿品的利潤很高，但想帶這些品牌商品進台灣，風險也會很高。

帶品牌商品進台灣的管道

這樣說好了，如果你是自己帶著托運行李進來的，海關問起的話，說是自用和送家人的，一般來說海關也不會刁難。但如果說你還是想要用貨運的方式送回台灣，那只有兩個辦法：第 1 種方法，把標籤剪個洞，只要是剪標商品，那這件服裝的價值也就大減。這個方法滿常見的，但店家多半不願意這麼做。

至於第 2 種方法，那就是要找有門路的貨運行幫忙了，至於哪些是有門路的，我也不知道。我們只能傳授合法的方法，至於不太合法的，我還是建議不要做比較好，而且可想而知，想走第 2 種方法，費用一定會比較高，因為他們總要打通一些關節的，不是嗎？

如果還是要逼問我，那好吧，還有第 3 種方法：不要挑些在台灣已經很有知名度的品牌進口，像是 LV、GUCCI 之類的，這些國際性的大品牌連三歲小孩都知道。但如果是一些台灣可能還沒有大量引進，但在歐美當地是不錯的小品牌，也許還有機會走貨運的管道進到台灣。

交通篇

通常到外地批貨，想圖方便就省不了錢，想省錢就得多勞動。我自己跑了幾趟廣東後，發現還是可以找到一些既方便又省錢的批貨行程。

交通

如果你要從台北到廣州……

現在兩岸的直航城市與班機都比幾年前多太多了，以前台灣飛廣州只有華航、長榮、中國南方三家航空公司，而且還是包機，對批貨行程安排非常不便，但現在台灣飛廣州的直航班機就有海南航空、華航、中國南方、長榮，而且幾乎天天都有班次，對前往批貨的創業者來說真是太方便了。

至於台灣飛廣州的直航班機票價，平均從 9 千多元到 1 萬 1 千元以上都有，算起來並沒有比傳統飛香港再走陸路進廣東便宜，但省了陸路交通時間。

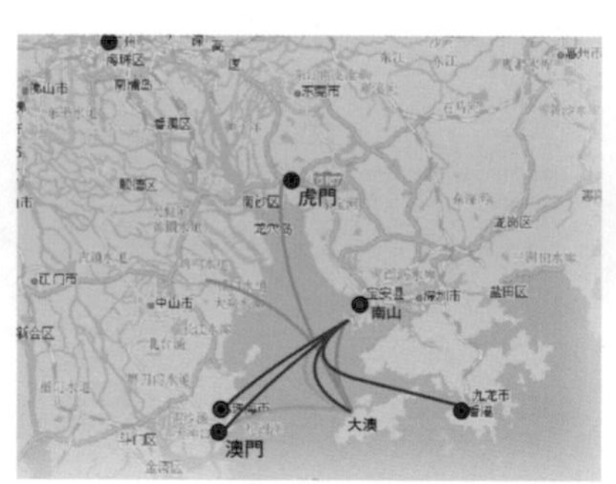
虎門
南山
澳門
大澳

目前飛廣州都是降落新白雲機場，因此如果直飛廣州的話，可在出關後，直接在新白雲機場入境大廳搭地鐵 3 號線機場南支線到廣州市區，非常方便。畢竟從桃園國際機場直飛廣州新白雲機場，從新白雲機場搭地鐵到廣州機場只要 45 分鐘，但如果飛到香港，再從香港走陸路過深圳到廣州，至少要 3 小時，因此如果直飛廣州跟香港的票價差額在 2 千元之內，其實我會選擇直飛廣州，因為可省下 3 小時的舟車勞頓，還可多出半天時間批貨。

從香港國際機場搭巴士到廣州（或虎門）的流程

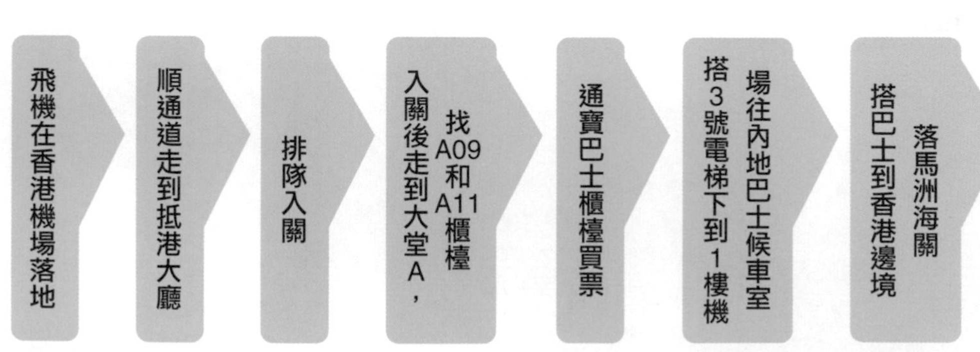
飛機在香港機場落地
順通道走到抵港大廳
排隊入關
入關後走到大堂A，找A09和A11櫃檯
通寶巴士櫃檯買票
搭3號電梯下到1樓機場往內地巴士候車室
搭巴士到香港邊境落馬洲海關

■ 從台北到廣州，大概可分成兩段路程：第一段是台北（或高雄）搭機到香港（或澳門），第二段則是從香港（或澳門）搭巴士或火車到廣州。不過，我的感覺是不管怎樣走，通常批貨行程前後兩天的大部分時間，都是花在交通行程上，所以不管你幾點出發，到廣州安頓好也大概都是下午或是快接近打烊時間。所以我的建議是第一天就別想著去批貨的事，不如好好休息，準備接下來幾天的批貨行程。

接下來，我們就來介紹從台北（或高雄）到廣州的過程。

台北（或高雄）經香港到廣州

首先從台北或高雄搭機到香港，這段應該不會有太大問題。現在台灣飛香港的航空公司很多，例如中華、國泰、泰航、長榮、港龍等，班次也很多，可以先上桃園國際機場的網站（www.taoyuan-airport.com），點選「出境航班」查詢飛香港的航班資料。

到香港機場後，接下來到廣州，不是搭火車就是搭巴士。對從未獨闖廣州的台灣人來說，搭巴士的行程比較簡單，搭火車的行程會複雜一些。搭巴士要 4 小時，搭火車大概

下巴士進落馬洲海關大廳驗證，辦離港手續 → 再搭同一部巴士開到廣東皇崗口岸下車，辦入境手續 → 找開往廣州（或虎門）巴士，上車前確認是否往廣州（或虎門）

華航與國泰，算是飛台港班次最密集的航空公司

出關時，記得準備好護照

3小時，而且兩者入境廣東的口岸不同，搭巴士走的是皇崗、羅湖關口岸，搭火車則是走羅湖關。雖然搭巴士會多花些時間，但第一次去廣州，如果怕麻煩又怕臨時出差錯，我建議第一次跑廣州批貨的人，還是搭巴士好了。

飛香港澳門是到桃園機場第一航廈搭機

記得提早兩個小時到機場報到

如果有大行李隨行，記得到櫃檯報到時順便交件

如果你要從香港機場搭巴士到廣州……

香港機場到廣州的直通巴士，總共有〔永東〕、〔中旅〕、〔通寶〕、〔環島大陸通〕、華通(中港)快線等幾家客運公司。這幾家巴士中，台商比較常搭通寶或永東。不過，我則是以這些巴士到廣州後是否靠近住宿地方為考量。

環島大陸通到廣州市區的停靠站有中國大酒店、廣州賓館及珀麗酒店，其中廣州賓館就在廣州地鐵二號線「海珠廣場」站附近。另外通寶或永東，他們在廣州的停靠點都有東方賓館及花園酒店，其中東方賓館就在地鐵二號線「越秀公園」站旁，搭到東方賓館後再搭地鐵到任何地方都非常方便，因此可搭通寶或永東巴士到廣州。

不過，我不是說搭到東方賓館就直接拿行李進去喔。我記得東方賓館是5星級酒店，隨便住一晚都要700元人民幣以上。如果是4天3夜的行程，光是住宿就要花掉2,800元人民幣，等於新台幣9,000元，這對批貨客來說實在太傷荷包了。批貨行程開銷最大的不外乎交通和住宿，既然交通費不見得能省下很多錢（因為不是隨時都能買到只要6,500元台幣的台港來回機票），至少要在住宿上精打細算吧。

有一回我去深圳，由於沒有事前訂酒店，到的時候又是晚上9點，就拉著行李到華強北的上海賓館現場開房，一個普通的雙床房也要480元人民幣，比起我前一回住在羅湖區人民南路的一家七斗星商務酒店，整整貴了快3倍。因此奉勸大家批貨行程要省錢，唯一最能省的大概就是住宿費用了。

從香港國際機場到廣州市區，如果是搭巴士，最簡單的方法是直接從機場搭到廣州的直通巴士，在機場櫃檯現場可以買到廣州的單程車票。就我所知通寶票價是港幣 220 元，永東也是港幣 220 元，折合新台幣大約 840 元多一點。

香港到大陸要過 3 關

很多人以為只要在香港或澳門國際機場搭上巴士，就可以上車一路睡到廣州。錯了，廣東是大陸，香港是特別行政區，在香港與廣東的邊界，各自有各自的海關，所以搭巴士要離開香港時，算是要出關，然後越界到廣東的海關，等通關後，才算是真正進入大陸。

目前，永東巴士在台北已經設有辦事處，大台北地區還可以送票，不必專程跑一趟位於台北市南京東路 2 段的辦事處，對手上沒準備港幣的批貨客來說，挺方便的。不過，它目前只銷售香港國際機場到東莞、深圳、惠州、龍崗等地車票，到廣州的車票還是得直接在香港機場購買。

step1

香港機場入關

當飛機在香港國際機場落地後，順著人群排隊入關，這時候請先準備台胞證、護照、香港旅客抵港申報表，只要順著通道走就可以到抵港大廳，接著排隊等入關。

step2

香港機場通關

通關時，海關官員會把香港旅客抵港申報表的第二聯，也就是香港旅客離港申報表還給你，記得不要搞丟，因為待會兒到落馬洲海關辦理出境手續時要繳回給香港海關。

有一次我從深圳蛇口碼頭搭船走澳門回台灣，結果在到機場準備出關搭機回台時，居然忘了把離澳申報表收到哪兒去了，差點卡在海關解釋半天。

廣州火車站帶來龐大的人潮

step3

找巴士候車處

入關後的機場分成大堂（出口）A 與大堂（出口）B，要搭永東或通寶巴士就要走到大堂 A。如果已經買好永東巴士的車票，你只要對著永東巴士的服務小姐搖搖手上的車票，告訴她們你要去廣州，她們就會在你身上貼一張特殊顏色的貼紙（不同顏色代表不同的目的地），然後帶你去搭 3 號電梯下到一樓，出電梯後往右走不到 20 公尺就到巴士候車處了。

同樣的，拿著車票對一群穿制服的姑娘們招一招，搭哪家巴士，那家巴士的服務員就會招呼你。記得路長在嘴上，如果發現不知道該怎樣走，就開口問機場人員，他們的制服很好認，而且通常手上都會拿無線電。上車前，記得向他們要一張黃色的大陸入境申請表，利用巴士前往落馬洲的路上填好，可節省時間。

step4

搭巴士到香港邊境落馬洲海關辦離港手續

巴士出發後，就往香港邊境落馬洲海關前行，車行時間約 45 分鐘。到達落馬洲海關後，旅客必須把所有的行李（包括大件行李）統統帶下車，然後到海關大廳驗證，記得要準備好台胞證、護照、香港旅客離港申報表。

step5

搭同一部巴士到皇崗口岸入境

當離港手續完成後，旅客再搭同一部巴士開到廣東的皇崗口岸下車。這時候記得要準備台胞證和黃色的大陸入境申請表，然後還是要排隊，等中國海關官員查核證件蓋上入境章，才算正式進入中國境內。

step6

通關後，再搭巴士 1.5 ～ 2 小時到廣州

通關後，接著順著人群往前走，前面會有客運公司的服務小姐開始招呼到各目的地的旅客。記得，如果在香港國際機場候車室時，服務小姐沒有在你胸前貼上貼紙的話，你就直接開口問服務小姐到廣州的巴士是哪輛，確定之後，上巴士之前再問一次巴士司機確認是不是開往廣州，再把行李帶上車，接下來只要一個半到兩小時，就可一路順暢到廣州了。

從香港國際機場搭巴士轉九廣鐵路到羅湖→再轉搭巴士到廣州

搭巴士的另一條路線是從香港國際機場搭 A43 巴士到上水站。首先在香港國際機場入關後，往大堂（出口）B 方向走再向右轉，走到底之後搭電梯到一樓，出電梯後直接橫越馬路到對面人行道，只要找一下就可以看到 A43 的站牌，通常只要等十幾分鐘就會發車，所以還算方便。

這裡就是羅湖口岸，從羅湖進出香港就打這兒走

羅湖巴士站購票大廳，但要往廣州的話，請直接下樓到巴士月台直接找服務員買票

搭A43巴士到上水站，票價為港幣30元，車程時間約45分鐘。到上水站後，再搭九廣鐵路到羅湖站。上水站到羅湖站就跟搭台北捷運一樣，只不過路程只要5分鐘，所以很快就到了。

接下來就是準備通關。跟搭直通巴士一樣，我們必須先出香港海關，準備好台胞證、護照、香港旅客離港申報表，通過香港關後，再走一小段路就要準備通過中國海關，這時候只要準備好台胞證和大陸入境申請表即可。

買票後，就下一層樓到搭車月台

現在香港海關及中國海關都設有台胞通行道，就不用跟許多每天往返大陸、香港的中國公民一起通關，因此通關速度挺快的。記住，一定要注意看指示牌，免得排到中國公民的通關走道，那可就要等到天荒地老了。

從羅湖站搭電扶梯往下一層到地面後，就可看到地鐵的指示牌

羅湖汽車站售票處的招牌很醒目，你不會錯過的

通關後走出羅湖口岸，右手邊的大樓就是羅湖商業城。羅湖商業城下面就是客運汽車站，也可以從這裡搭車到各地去，例如搭到廣州，單程車票是人民幣 60 元，一個半到兩個小時可到廣州。

還有，商業城一樓的客運售票處不賣票到廣州，很奇怪，售票員會要你搭右手邊的電扶梯到一樓，直接找隨車小姐買票。反正她怎麼說，你就怎麼做，準沒錯。

在羅湖客運汽車站搭巴士到廣州時，最後巴士會開到廣州火車站附近站南路的省客運站。從省客運站走 10 分鐘就可到地鐵一號線的「廣州火車站」入口，接下來就可搭地鐵到任何你想去的地方了。

還有，如果是第一次到大陸的人，通關時別太緊張，其實他們和我們沒有差太多，放寬心，給個微笑，通關不會有太大問題的。

如果你要從香港機場搭廣深線到廣州……

從香港機場搭廣深線到廣州流程

飛機在香港機場落地 → 順通道走到抵港大廳 → 排隊入關 → 入關後往大堂B走再右轉到機場巴士站 → 搭A43巴士到上水站 → 進上水站，搭九廣鐵路到羅湖 → 進香港羅湖關辦離港手續 → 走路進廣東羅湖辦理入境手續 → 出廣東羅湖關口岸後，往前方走即是深圳火車站 → 到火車站前的購票處買票搭廣深線到廣州

雖然我建議第一次去廣州批貨的人搭巴士比較簡單，不過我還是會介紹怎樣從香港機場搭火車去廣州。我現在都很習慣搭廣深線動車去廣州，因為非常準點，不會遇到高速公路塞車的問題。

如果打算搭廣深線動車到廣州，在香港國際機場入關後，往大堂 B 方向走再右轉搭電梯到一樓，就會看到機場巴士站。接下來就搭 A43 巴士到上水站，這段路程大約要 45 分鐘，票價為港幣 30 元。接著進上水站，搭九廣鐵路到羅湖。

從上水到羅湖只要 5 分鐘，手續和搭巴士一樣，準備台胞證、護照、旅客離港申報表辦理出境香港手續。再向前走準備入境中國，這時記得準備好台胞證和入境申請單辦理入境。

出關後走出羅湖口岸，右手邊的大樓就是羅湖商業城，經過羅湖商業城後，正前方較遠處的建築物就是深圳火車站，你絕不會錯過，因為遠遠的你就可以看到「深圳站」三個大字。還沒有走到深圳火車站之前，你就會看到掛有

從羅湖商業城望去，深圳火車站走路只要 5 分鐘即達

藍底白字的「廣深線和諧號購票乘車處」的建築，這裡就是廣深線動車的售票處，從這裡進去買票。

廣深線動車票價約人民幣 78 元，車程 90 分鐘（以前只要 70 分鐘，但自從溫州動車事故之後，廣深線動車就降速了）。不過買票前記得要準備台胞證，因為大陸現在購買火車票、飛機票都是實名制（就是需要有證件才能買票）。

還有，如果打算住在批貨商場附近的酒店，我建議車票直接買到廣州火車站，而不是廣州東站。因為廣州東站距離廣州火車站還有一大段距離，拖著大行李箱從廣州東站搭地鐵到地鐵一、二號線，我覺得實在太累人了，因為中間要轉兩次地鐵，而且要走一小段距離。所以我建議直接從深圳搭廣深線動車到廣州火車站，再換地鐵到酒店會比較方便。

出羅湖口岸後，前方不遠處就是深圳火車站了

如果你要從澳門機場搭巴士到廣州……

從澳門國際機場搭巴士到廣州（或虎門）流程

飛機在澳門機場落地 → 排隊入關 → 進入境大廳的左手邊找「歧關旅遊有限公司」櫃檯 → 購買到拱北關車票，到機場外候車站等巴士 → 到拱北進海關大廳驗證辦理離澳手續 → 走路進廣東珠海拱北口岸辦入境手續 → 出拱北口岸進入廣東珠海 → 到拱北汽車站搭巴士往廣州（或虎門）

註：珠海拱北口岸出口的左側，還有歧關汽車站及香洲汽車站，也有往廣州的巴士，到廣州市區後停靠廣州中國大酒店、江灣大酒店及廣州汽車站。

很多台灣人對澳門情有獨鍾，喜歡走澳門勝於走香港進廣東。理由有 2：第 1，澳門機場不像香港機場那麼大，通關也比較方便快速，而且有時候好像飛澳門的機票價錢比香港低些。第 2，呵呵，當然是因為澳門是賭城，走澳門進廣東，偶爾還可以待一晚賭兩把。另外，澳門對面的珠海是男人的天堂，蓮花路是男人一生必去的朝聖地，這就不用我多說了，女生就當我胡說八道吧。

從澳門到廣州，還是以搭巴士為主要的交通工具。和從香港進入廣東一樣，從澳門進入廣東，同樣也是要過 3 關，也就是入**澳門海關→搭車到拱北關→從拱北關出澳門海關→進入大陸的拱北關→進入珠海市（大陸國境）**。

飛澳門航班有長榮，復興及澳門航空

step1

澳門機場入境

當班機在澳門國際機場降落後，順著人潮走很快就來到入境海關。記得把護照、台胞證、入境卡準備好，如果不是假日的話，大概不到 20 分鐘就可以入關了。還有，入境後，不要把海關還給你的「出境申請單」扔了，待會兒出拱北關時還要繳還給澳門海關。

step2

搭巴士到拱北關

領完行李後，接著就要找交通工具到廣州。目前澳門機場有巴士直通到廣州的有通寶巴士，單程港幣 150 元，來回票是港幣 270 元。但很可惜的是一天只有一班（中午 12 點 30 分從澳門機場發車）。這應該對很多人一點幫助都沒有，所以還是得先到拱北關入境廣東。

從澳門機場入境之後，順著標示往入境大廳走，進入入境大廳後往左邊看應該就可以看到客運公司的櫃檯。找到「岐關旅遊有限公司」的櫃檯，直接向服務人員買到拱北關的車票，一張澳門幣 25 元。接著就可以到外頭等巴士了。岐關的巴士是 12 人坐的小巴，很好認，上車前問一下司機是不是到拱北關，巴士每 10 到 15 分鐘發車，從澳門國際機場到拱北關的路程約 20 分鐘。

如果不想搭大巴，也可以搭計程車。出航站後就可看到計程車招呼站。搭計程車到拱北關的車資從 60 ～ 70 澳門幣不等，車程也是約 20 分鐘。

到澳門機場入關後左轉，很容易就能看到通寶巴士等櫃檯

step3

排隊出澳門關

到澳門的拱北關後，一下車就看到人潮不斷往前方的大樓前進，那裡就是澳門的拱北關。人潮進到大樓裡面，就開始分成很多列隊伍準備出澳門關。這時候人多手雜，切記注意自己的行李和最重要的證件。還有，在

澳門國際機場入關時，海關官員在查驗入境申請單時，會把後面複寫的出境申請單還給你，記得把出境申請單和護照放在一起，別隨手丟了，因為待會兒在拱北關出關時還要這張單子你才能出關，否則會很麻煩。

我有一次去廣東是星期一下午 6 點多到拱北關，從排隊到出澳門關等了 20 分鐘，應該還能接受。

step4

出珠海市拱北口岸大樓

出澳門關後，就要準備進大陸那一邊的拱北口岸了。這時候人潮離開澳門的拱北關，經過一道幾十公尺長的通道進到對面的中國珠海市拱北口岸大樓，同樣又要再排一次隊等入關。記得要填大陸入境單，還有，進大陸海關只要給海關官員看台胞證和入境單就夠了，不必給他看護照，省得麻煩。

出珠海市拱北口岸後，你就真正進入中國境內了。在珠海拱北口岸的正對面一棟大樓的一樓就是拱北汽車站，進到拱北汽車站買到廣州市汽車站的車票，票價人民幣 55 元，從早上 6 點到晚上 8 點 30 分，每 15 分鐘都有班車發出。

step5

搭巴士到廣州

另外，珠海拱北口岸出口的左側，還有歧關汽車站及香洲汽車站，也有往廣州的巴士，到廣州市區後停靠廣州中國大酒店、江灣大酒店及廣州汽車站。

step6

搭巴士到虎門

在拱北客運站可直接搭大巴到虎門的匯源海逸酒店，匯源海逸酒店離虎門主要批貨商圈銀龍北路不遠，步行就可抵達。目前所知票價約人民幣 50 元，車程約 2.5 小時。

切記，虎門 = 太平，因為在拱北汽車站的時刻表上，並不是寫虎門，而是太平，所以別因為看不到虎門就嚇到了。

如果你要從香港機場搭巴士到虎門……

如果到廣東批貨的第一站是虎門的話，可以直接從香港國際機場搭快船直達虎門。如果是先到廣州或深圳，再到虎門批貨的話，搭巴士走廣深高速公路會是較方便的選擇。但這裡，我要介紹的是怎樣從香港國際機場（及澳門）到虎門。

從香港國際機場搭巴士到廣州（或虎門）流程

- 飛機在香港機場落地
- 順通道走到抵港大廳
- 排隊入關
- 入關後走到大堂A，找A09和A11櫃檯
- 通寶巴士櫃檯買票
- 搭3號電梯下到1樓機場往內地巴士候車室
- 搭巴士到香港邊境落馬洲海關
- 下巴士進落馬洲海關大廳驗證，辦離港手續
- 再搭同一部巴士開到廣東皇崗口岸下車，辦入境手續
- 找開往廣州（或虎門）巴士，上車前確認是否往廣州（或虎門）

走廣深高速公路，只要一個半小時就可從虎門到廣州

從香港機場到虎門有陸路及水路兩種走法。走陸路的話，首先也是搭機到香港機場後，然後到左側大廳，也就是出口A，就可以看到很多客運公司櫃檯。在這裡，大家搶生意搶得很厲害，因此服務員都是站在櫃檯外面直接問你要去哪裡，他們就會帶你去搭電梯。

此外，他們也會給你一張貼紙。如果你第一次進廣東，一切都不熟悉的話，最好乖乖把貼紙貼在衣服顯眼的地方，讓客運公司服務員能一眼辨認你要去哪裡。

接下來的通關行程都和上述到廣州一樣，在此就不贅述。至於巴士停靠虎門的站點，各家客運公司可能有些不同，如果是台灣人最愛搭的通寶巴士則是停靠在虎門大道的豪門大酒店，這家酒店是5星級，所以住一晚要人民幣400～500元。要不要住這麼貴的酒店，就看個人決定囉。

如果你要從香港機場走水路到虎門……

從香港機場搭快船到虎門流程

飛機在香港機場落地 → 順通道走，不用通關 → 轉駁售票處到珠江客運空海 → 辦理行李轉船手續在E1轉機處等候 → 10號閘口等接駁巴士搭電梯到4樓，再前往 → 海天客運碼頭上船搭接駁巴士到 → 快船抵達虎門 → 提領行李，於虎門碼頭入關

到虎門還有另外一個方法是走水路。從香港機場可直接搭船到虎門入關，也是挺方便的。不過前提是，班機與船班要銜接得很好，否則在機場等船班的時間加一加，也不見得比搭巴士快。

從香港國際機場搭快船到虎門需時約 60 分鐘，而且托運行李還可以從桃園國際機場透過「海天聯運服務」直接掛到虎門關，自己可以很輕鬆地到虎門。

目前加入海天聯運服務的航空公司包括華航、國泰、港龍及長榮。如果不放心的話，最好打電話問問航空公司有沒有加入這項服務。另外，在桃園國際機場的第一、二航廈都有海天聯運服務櫃檯，其實就是海峽友誼旅行社，他們代理珠江客運的船票服務。第一航廈服務櫃檯設於 1 樓出境大廳 6A 報到櫃檯後方；第二航廈服務櫃檯設於 3 樓出境大廳 6B 報到櫃檯前方，高雄小港機場的服務櫃檯則是在海天聯運櫃檯 C 區 9-10 櫃檯。

還有，在桃園國際機場的航空公司櫃檯辦理 check-in 時，就要主動告訴櫃檯人員你要走「海天聯運服務」，並出示船票證明，還要告訴他們你的行李是要從香港國際機場直接轉運到虎門，這樣才能避免你的行李被誤留在香港國際機場。

中正機場二航廈的海天聯運服務櫃檯有代理珠江客運的船票服務，以及行李的「海天聯運服務」

至於行程也不複雜，記得班機到香港國際機場後，跟著人潮下機，但記得不要入香港關。因為珠江客運快船，是直接從在機場內搭接駁巴士到機場碼頭再轉搭渡輪的，你尚未走到入關前就可以看到「登船」、「往內地／澳門快船船務處」的藍底白字招牌，就在這裡辦理行李轉船手續。如果有不懂的地方就問服務人員，香港機場的服務人員態度都很不錯，他們會告訴你該怎麼辦手續。

要記得，「海天聯運服務」的行李托運服務，規定旅客必須於開船前 60 分鐘到快船轉駁櫃檯辦理登記手續，如果班機和發船時間不到 1 小時，那就得等下一班船了，這一點要謹記在心。

申辦手續大約要 20 ～ 30 分鐘，辦完後就搭電梯到 4 樓，然後前往 10 號閘口等接駁巴士把旅客載到海天客運碼頭，到碼頭後就等上船即可。60 分鐘後到達虎門碼頭，接著提領行李並辦理入關手續，出關後再搭接駁巴士；若嫌麻煩也可以「打的」（計程車）到酒店 check-in。

如果要利用「海天聯運服務」，記得到機場報到時要告訴櫃檯服務人員

如果打算由貨運航運送產品回台，到廣東批貨也可以這樣一身輕便

如果你忘了加簽台胞證……

要前進大陸，就一定要有台胞證。台胞證的有效期限為 5 年，每加簽一次有效期限為 3 個月。如果你的台胞證入境簽證已經過期，又忘了在出發前辦理加簽，那只能到香港國際機場或澳門國際機場再辦理了。

如果你在香港國際機場辦理台胞證加簽，同樣在機場的抵港層（5 樓）找 25 號櫃檯，或是注意看紅底白字的「台胞簽註」招牌，加簽費用是港幣 150 元。如果加簽人少，5 ～ 10 分鐘就可搞定，萬一大家都到了現場才要辦加簽，可能要等個 30 分鐘。如果你又已安排好下一個行程，那時候就會急得跳腳了。

如果你在澳門國際機場辦理台胞證加簽，可在機場入境大廳西側的中國旅行社辦理，加簽費用同樣是港幣 150 元。

如果你要搭船……

珠江三角洲的水路交通很方便，我也很喜歡水路交通，大概是因為平常都是以巴士或火車為交通工具，偶爾搭船總覺得很新鮮，所以只要有機會，我就會搭船進出廣東。

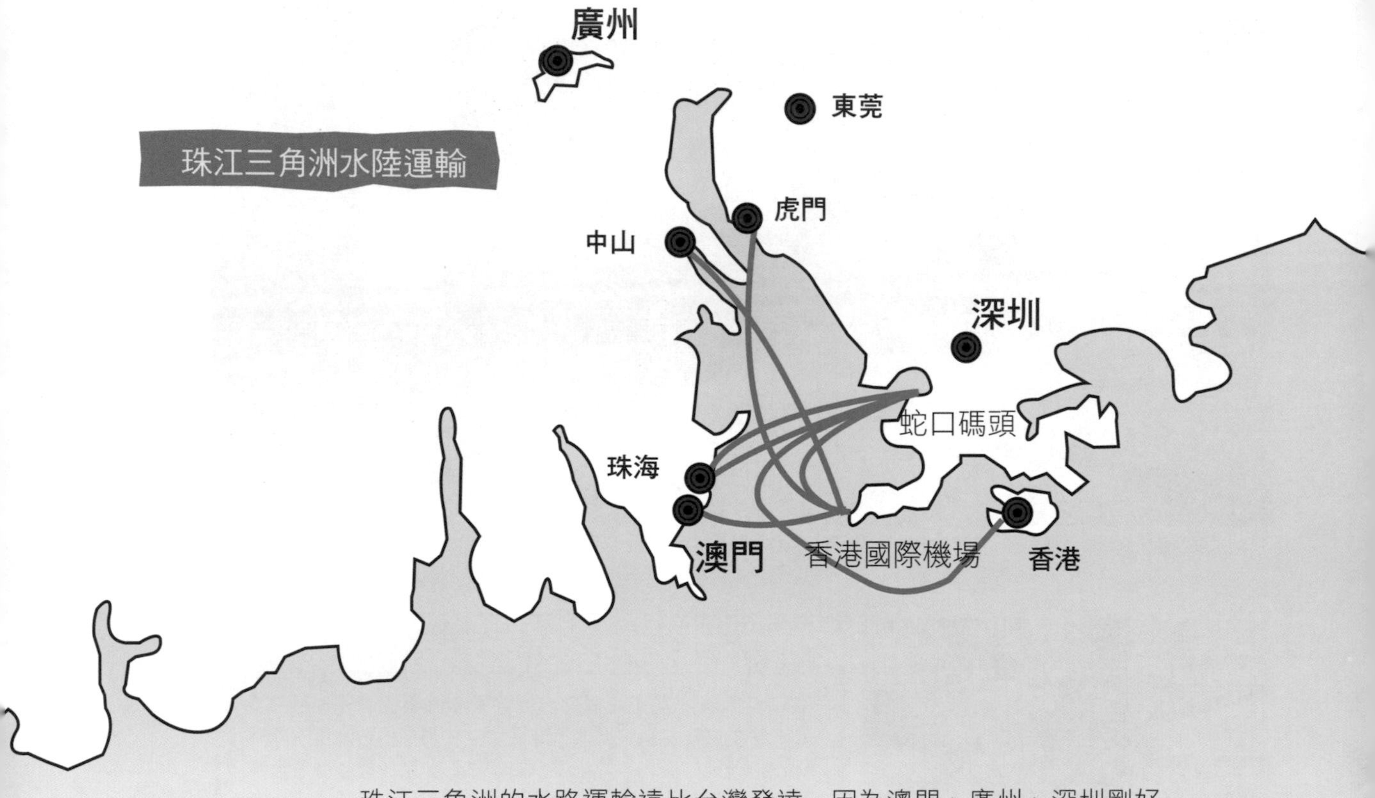

珠江三角洲的水路運輸遠比台灣發達，因為澳門、廣州、深圳剛好就在珠江口的三個頂點上。如果從澳門到虎門或深圳，走陸路，就必須順著公路往北走，再走虎門大橋到虎門。如果要再到深圳的話，還得走廣深高速公路，約一個半小時才能到深圳，等於是繞了一大圈才能連結澳門與深圳。若是走水路的話，就可以直接從澳門到深圳蛇口碼頭了。

如果回程想節省時間（不過整個行程的交通費用，算下來還是比從廣州搭直通巴士要貴些），或是想搭快船嘗嘗鮮，那我建議你到深圳南山區的蛇口碼頭搭船。

在深圳的蛇口碼頭搭船

蛇口碼頭位在深圳特區最西邊南山區的南邊海邊。因為它是珠三角快船服務的一個據點，如果是走香港國際機場來回台灣的話，可直接從蛇口碼頭搭快船到香港國際機場的海天客運碼頭，行李也可以在蛇口碼頭直接掛到桃園國際機場。而且出大陸關也是超級快，不到 10 分鐘就到候船室等船，也就不用走羅湖海關或皇崗海關那樣過 3 關了，非常方便。

從深圳蛇口客運碼頭可搭快船到珠三角重要城市

珠江三角洲的水路交通動線

前面提到從香港國際機場可走水路到虎門，那是珠江客運公司所提供的船班。這家船務公司所提供的定期航線有 6 條，包括：

1. 香港機場到深圳蛇口；
2. 香港機場到虎門；
3. 香港機場到中山；
4. 香港機場到深圳機場福永碼頭；
5. 香港機場到珠海；
6. 香港機場到澳門。

還有一家深圳鵬星船務公司則提供 5 條定期航線，包括：

1. 深圳蛇口碼頭到珠海；
2. 深圳蛇口碼頭到澳門；
3. 深圳蛇口碼頭到香港；
4. 深圳蛇口碼頭到香港機場；
5. 深圳機場福永碼頭到澳門。

另外，還有一家機場噴射飛航的船務公司則是提供：

1. 香港機場到澳門
2. 香港機場到深圳兩條固定航班。

這幾條航線就構成了珠江三角洲的水路交通動線。每家船務公司各自有不同的船期，如果想走水路，最好先查詢航班船期，這樣才不會延誤行程。

停靠在蛇口碼頭的快船，可搭到澳門、珠海、中山等城市

停泊在蛇口碼頭的快船

到香港國際機場後，只要跟著人群走，通過安檢，拿船票票根換回 120 元港幣的離境稅後，就等著搭接駁巴士到航站大廈。幾分鐘後，人就在香港國際機場的免稅商店裡閒逛等班機了。就是因為這麼方便，因此只要從深圳回台灣，我總是選擇走這條路線。

再來談談船費方面。在蛇口碼頭報到時，航空公司會先請你到隔壁的購票櫃檯買船票，然後再拿著船票和你的機票到櫃檯報到。

蛇口碼頭到香港國際機場的船票價格為 120 元人民幣。不過，船公司開的價格是 240 元人民幣，等人到了香港機場的海天碼頭並通過安檢後，前面就有一個「離境稅退款處」的小櫃檯，你只要將船票票根交給櫃檯的工作人員，就可以換回 120 元港幣的離境稅。所以我才說，從蛇口碼頭到香港國際機場的船票費用為 120 元人民幣，而不是 240 元。

這就是蛇口碼頭的航空公司櫃檯，check in 前，櫃檯服務人員會要你先去隔壁買船票

至於怎樣到蛇口碼頭呢？還記得 2006 年開始跑廣東，當時如果要到蛇口碼頭，得先搭深圳地鐵羅寶線到當時只開通的「世界之窗站」，接下來不是只能搭公車，就是得直接搭計程車到蛇口碼頭。

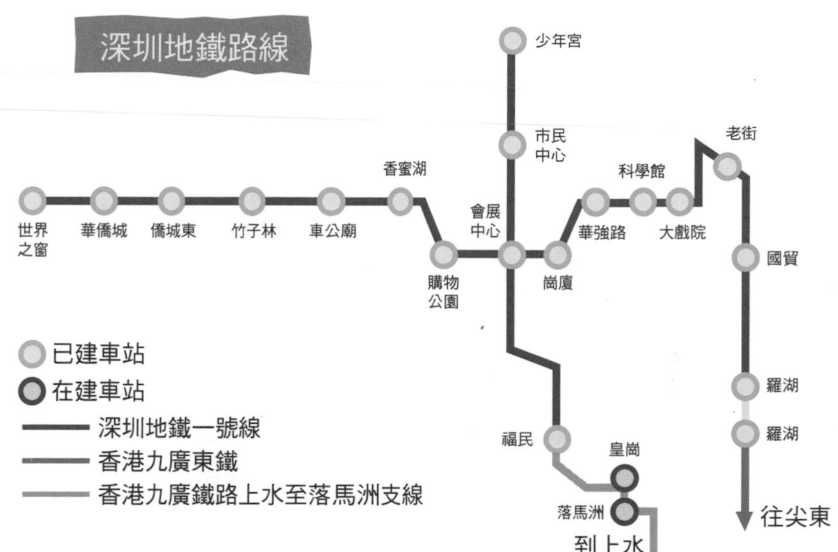

不過大陸政府做事情的速度還真是快，現在的深圳地鐵已經開始有地鐵網路的架勢，想從蛇口碼頭搭渡輪到香港國際機場，只要從羅湖站搭綠色「羅寶線」，到世界之窗站時，再轉搭橘色的「蛇口線」到蛇口港站就可以了。出站後再走約 250 公尺就到蛇口碼頭，而且票價只要人民幣 7 元，真是方便。

搭到地鐵世界之窗站，也是終點站

接著我就「打的」到蛇口碼頭，車資人民幣 43 元

經驗談……

有一次我從廣州回台北，搭晚上 6 點 10 分從香港起飛的港龍班機。事前先打電話給蛇口碼頭，詢問最晚要搭幾點的船班才能搭上班機，對方告知最好搭下午 3 點 30 分的船班，而且需提早 40 分鐘到碼頭報到。

如果時間不要抓得太緊，我預計下午 2 點 30 分抵達蛇口碼頭，從羅湖站到蛇口港站我抓 1 小時，也就是下午 1 點 30 分必須從羅湖站搭上地鐵；從廣州火車站到深圳站的和諧號動車需時 1.5 小時，也就是說最遲要搭上中午 12 點從廣州火車站發車的和諧號動車，才能在下午 1 點 30 分抵達深圳站。不過我要提醒大家，廣深線和諧號動車的普通座車票有時候不好買到，所以我建議最好提早一個鐘頭到火車站買票，給自己一點緩衝時間，因此 11 點最好就到火車站買票。只要能夠在下午 2 點 40 分左右到蛇口碼頭，接下來就是買船票、報到、托運行李，然後等著出關，3 點 30 分準時發船，4 點就到香港國際機場海天碼頭，4 點 15 分人就已經在香港國際機場航廈內了。

算起來從廣州的酒店出發，一直到深圳蛇口碼頭只要不到 100 元人民幣，再加上 120 元人民幣的船票，等於不到 220 元。雖然比從廣州到香港國際機場的單程直通巴士票價要貴一些，不過後半段的交通過程卻比較簡單方便。

另一次則是因為先飛到澳門再進廣東，最後兩天則是到深圳，但最後還是得從澳門回台，所以最後一天就得從深圳趕回澳門。如果走陸路，從深圳到澳門光是搭巴士可能就得 5 個小時，還不包括通關。

我那天的返台班機是下午 3 點 10 分，但是從蛇口碼頭到澳門碼頭的船班只有早上 8：30、11：45 和 16：45 三班。我掐指一算，16：45 是甭提了，11：45 的船班如果準時出發，航程抓鬆一點 90 分鐘，這樣的話，下午 1 點 15 分才會到澳門碼頭，接著還要入澳門關，抓 30分鐘好了，等於下午1點45分可進入澳門。

買了船票之後，拿船票到香港國際機場，還可領回港幣 100 元

通關後，就到候船室等著上船

船艙很大，不對號，因此到處都可坐

半小時後快船抵達香港國際機場海天碼頭，記得在離境稅退款處領港幣 100 元

通關時還是按照入境的步驟，行李也要過 X 光機

接著從海天碼頭搭接駁巴士到香港國際機場

如果搭計程車的話，從澳門碼頭到澳門機場只要 10 ～ 15 分鐘，這樣的話，應該下午 2 點 15 分左右可到澳門機場，不過離班機起飛只剩下一個小時了，算是很趕的。

為了避免突發狀況，最後決定趕早上 8：30 從蛇口碼頭出發的船班，因為要預留通關時間，所以當天早上 7 點 30 分到蛇口碼頭，8 點 30 分準時開船。

早上大約 10 點，渡輪準時到達澳門碼頭，入關過程還算順利。離開澳門碼頭後，攔了輛計程車直奔機場，到機場好像還不到早上 11 點。

就在機場閒晃時，看到出境時刻表上顯示下午 1 點 10 分還有一班復興航空飛台北班機。我立刻拖著行李飛奔復興航空櫃檯，希望能提早兩個小時回家，因為要在澳門機場晃 3 ～ 4 個小時，真的很無聊。

到了櫃檯前，我露出甜美笑容，「小姐，請問下午 1 點 10 分的班機還有空位嗎？」拜託，千萬別告訴我客滿了。

「哦，還有啊，你是幾點的班機？」呵呵，太好了。我立刻詢問能否改班機？結果真的如我所願，改搭提早兩個小時的 1 點 10 分復興航空班機，下午不到 5 點，我人就已經回到台北溫暖的家了。

如果我從深圳羅湖搭巴士去澳門，而且還是要搭下午 3 點 10 分的班機，那我可能還是得和從蛇口碼頭搭渡輪一樣早起，但卻得拖到晚上 8 點才能回到台北。

好啦，輕鬆抵達香港國際機場。這也是為何我很喜歡到蛇口碼頭搭船的原因

還有 1 個小時才要登機，當然就在機場到處逛逛了

如果肚子餓，正好拿剛領到的 100 元港幣吃東西。顯然香港政府也希望旅客在機場內把那 100 元港幣花掉

英航 747

晚上 8 點多，飛機降落桃園國際機場，終於回到溫暖的家了

最後還要告訴大家，現在從香港國際機場搭珠江客運快船到珠三角各地的船票，可以事前在台北直接購買，珠江客運的船票是由海峽友誼旅行社所代理。這家旅行社在桃園國際機場的第一、第二航廈都設有海天聯運服務櫃檯：第一航廈服務櫃檯設於一樓出境大廳 5 號及 6 號報到櫃檯後方；第二航廈服務櫃檯設於三樓出境大廳 6 號報到櫃檯前方。目前包括華航、長榮、國泰、港龍等航空公司都有加入「旅客行李聯運服務」。（海天聯運服務櫃檯電話：第一航廈（03）398-3388　第二航廈（03）398-2233　參考網站 http://www.txg.com.tw/html/hkg_ferry.htm）

善用地鐵與公交車趴趴走

就算能平安到達廣州，接下來還得解決從住宿地點到各批發商場的交通問題。

上公交車前，先看看沿途停靠站，記得先問路人是在同方向還是要到對面去搭車

在廣州市區的交通，其實大多數地方都可以搭地鐵，但在大陸城市搭地鐵，如果沒有買像悠遊卡這樣的儲值票，那就得每次買票。這時候，如果有人工售票亭的站點，就要看情況，如果自動售票機前排隊的隊伍跟人工售票的隊伍一樣長，我建議去人工售票亭買票還來得快些，因為大陸的大都市外來人口太多，很多人是第一次使用自動售票機，光是看懂機器就花好長時間，如果再加上機器不收太舊的紙幣，那就會花更多時間。這是我的親身經驗，所以我建議如果日後定期要到廣東批貨，還是各買一張廣州的「羊城通」及深圳的「深圳通」，這樣在地鐵站就可省下大量排隊買票的時間了。

地鐵站都會有路線圖，可先參考路線圖，確定在何站下車

絕大多數飾品、小商品、皮件、鞋類、服飾批發商場都在地鐵 2 號線沿線上，所以只要搭上地鐵，再走些路，就很容易到達這些商場。因此只要選對住宿地點，大可不必「打的」批貨，如此也可省下一些交通費用。

要搭公交車或地鐵，如果嫌準備一大堆銅板不方便，每次還要排隊買地鐵代幣，那就買張「羊城通」吧。羊城通就像台北的悠遊卡，有了羊城通就可以搭地鐵和公交車，也不用準備一大堆銅板了。

羊城通可以在地鐵站的服務台或是地鐵站內的 7-11 購買，不過有一次我早上 10 點多在地鐵站內的 7-11 開口要買羊城通時，服務員卻說要等到 11 點多他們才會開始賣羊城通。這有點讓我臉上三條線，難道他們的電腦連線還有分時段的嗎？算了，實在不想再問為什麼了，反正多走幾步到服務台買也是可以的。

還有，第一次買羊城通的費用是 80 元人民幣，其中 30 元是押金。所以裡面有 50 元的面額，通常絕對夠 4 ～ 5 天的批貨行程，而且肯定有剩，下次去廣州批貨時還可再用。以後如果有需要充值（也就是台灣說的「加值」）時，只要到各個 7-11 便利商店或地鐵服務站即可，他們都提供充值服務。

在廣州搭地鐵，先按路線圖上的目的地，螢幕會顯示金額，投入硬幣後會自動吐出代幣

廣州及深圳地鐵系統

截至 2014 年，廣州的地鐵已經有 9 條路線，路線如下：

❶ 1 號線（西朗－廣州東站）

❷ 2 號線（嘉禾望崗－廣州南站）

❸ 3 號線（天河客運站－番禺廣場）

❹ 3 號支線（機場南－體育西路）

❺ 4 號線（金洲－黃村）

❻ 5 號線（滘口－文沖）

❼ 8 號線（鳳凰新村－萬勝圍）

❽ APM 線（林和西－赤崗塔）

❾ 廣佛線（魁奇路－西朗）

至於地鐵路線較少的深圳也有進步，截至 2014 年，深圳的地鐵路線如下：

❶ 羅寶線（羅湖－機場東站）

❷ 蛇口線（赤灣－新秀）

❸ 龍崗線（益田－雙龍）

❹ 龍華線（福田口岸－清湖）

❺ 環中線（前海灣－黃貝嶺）

這裡就是廣州火車站

廣州的地鐵

廣州的地鐵現有 9 條路線，涵蓋的範圍極廣。不過如果是以批貨的角度來看，飾品、小商品、玉石、皮件、鞋類、服飾等批發商場大都散布在一號與二號地鐵線的幾個站附近。其實你大概只會在幾個地鐵站之間移動，這幾個站包括：

地鐵二號線「廣州火車站」
附近站西路鐘錶區、站西路外貿服裝商城區、歐陸鞋業城、步雲天地、廣州國際鞋業廣場、西城鞋業廣場等多到十根手指頭都數不完的各類批發商場。

如果想到站西路或站南路批貨，可搭到廣州火車站下車

地鐵一號線「長壽路站」
附近的荔灣廣場

想要批水晶或是玉等各種寶石，就到荔灣廣場，搭到長壽路站後，再走 10 分鐘即達

地鐵二號線「海珠廣場站」
附近的萬菱廣場、泰康城廣場、一德誼園精品文具批發市場、廣州大都市鞋城。

海珠廣場圓環

三元里站
廣州火車站
越秀公園站
紀念堂站
公園前站
農耕所站
陳家祠站
西門口站
海珠廣場站
烈士陵園站
市二宮站
長壽路站
黃沙站
芳村站
花地灣站
坑口站
西朗站
江南西站
曉港站
中大站

一號線
二號線
三號線
四號線

地鐵二號線「三元里站」
附近的中港皮具商貿城、佳豪國際皮料五金城、金龍盤國際鞋業皮具貿易城、梓元崗附近的白雲世界皮具貿易中心（這是目前廣州最紅火的皮件批發商場）、聖嘉皮具商貿中心、億森皮具城、桂花樓皮件城，以及東升皮具城、新興皮具商貿城、森茂皮具城、新東亳商貿城、千色皮具廣場、卓隆皮具商貿城、天泓皮具城等。

往三元里的地鐵

三元里地鐵站出口

只要順著標示走，換地鐵線很簡單

以上所說的大都是離地鐵站步行 15 分鐘可到的距離內，不過要注意，從三元里站走到梓元崗的白雲、聖嘉、億森等皮件批發區，最好問一下路人，步行距離約 15 ～ 20 分鐘，也就是約一公里左右的距離。如果投宿的酒店有公交車直接到梓元崗或桂花崗，那我就建議直接搭公交車可能會快些。

我的經驗是可以先搭地鐵到廣州火車站，然後從出口 A 走出去，就會看到好多公車停在廣場上，那裡就是「火車站公交總站」，廣場上豎立著一根根的站牌，找一下 257 號公車，只要 5 站就可以到解放北路，下車後往回走 2 分鐘就可到白雲世界皮具貿易中心，比起搭地鐵到三元里站再走 15 分鐘要快多了。

以上所提到的各色商品批發商場都在地鐵一、二號線上，所以呢，最常經過的一個站就是一號線和二號線交叉的「公園前站」。

公園前站不像捷運台北火車站那麼複雜，就是很簡單的兩條地鐵軌道上下交叉，所以換線也很簡單，只要一分鐘就可以走到另一條線搭車，絕不會迷路。

廣州地鐵一、二線在公園前站交會

搞定廣州的公交車

廣州公交車是廣州人的主要交通工具，批貨搭公車也很方便

前面提到，廣州的公交車路線很多，也是廣州人除了地鐵、腳踏車之外，最常使用的交通工具。而且如果確定當天要去批貨的商場離酒店距離不遠的話，搭公交車有時候反而比搭地鐵來得快些。

不過，對台灣來的批貨客來説，搭廣州公交車最大的問題剛好就是因為路線多，所以恐怕很難搞清楚從 A 地到 B 地要搭哪一線公車。

好用的廣州公交路線查詢網

我特地找到一個「廣州公交路線查詢網」（http://guangzhou.bus84.com/），這個公交路線查詢網提供 3 種搜尋方式，使用者可以輸入（1）公交路線查詢（2）站點查詢（3）站站查詢，也就是起訖站名稱來搜尋搭乘哪一路線的公交車最方便到達目的地。

這個查詢網有個功能是台灣類似查詢網比較少見的，那就是可以用點選「漢語拼音」的第一個字母來確認要輸入的站名。我覺得這方法對台灣人很好用的原因是，台灣用的是繁體中文，對岸用的是簡體中文。有時候我在大陸網站輸入某些關鍵字查詢時，常常會遇到查詢不到任何資料的問題。

我覺得會不會我們輸入的是繁體中文，在簡體網站的資料庫中搜尋時就會出問題？所以這個公交路線查詢網提供了漢語拼音的選擇鍵，這樣一來，就可避免我剛提到的問題了。

廣州火車站也是許多公車的起站點

經驗談……

以我在廣州所投宿的酒店為例子，我們來看看怎樣搭公交車去某個批發商場。

我住在廣州市荔灣區荔灣路 100 號的明韓連鎖酒店，這家連鎖酒店位在廣州連鎖的新大新百貨的 5 樓，這裡距離廣州地鐵一號線「陳家祠」站步行要 10 ～ 15 分鐘。如果搭公交車的話，門口就有公交站，站名是「彩虹橋」，可省下走路到陳家祠站的那 15 分鐘，首先我就利用（2）站點名稱的功能，先列出所有經過「彩虹橋」站的公車路線。

以下是利用這項功能所查出經過「彩虹橋」站的公車路線，包括：夜 11 路、15 路、夜 30 路、52 路、55 路、88 路、105 路、133 路、196 路、205 路、207 路、231 路、232 路、237 路、268 路、275 路、530 路、549 路、555 路。

接著，假設我想從彩虹橋站到海珠廣場（海珠廣場附近有鞋類、飾品、小商品等批發商場），那我就可利用（3）站站查詢功能來找出從彩虹橋到海珠廣場應該搭哪一路線的公交車。

首先按一下「起點名稱」下方的左邊拉霸，會出現 A 到 Z 的英文字母，其實這就是站名的第一個字的漢語拼音。例如「彩虹橋」的漢語拼音是「cai-hongqiao」，因此你只要點選拉霸中的 C，等一秒鐘後，右邊拉霸就可拉出所有ㄘ開頭的站名，找一下就可以找到「彩虹橋」這個站名。同樣的，在「終點名稱」也是一樣的輸入方式，「海珠廣場」的漢語拼音是「haizhuguangchang」，只要點選 H，就可以找到「海珠廣場」站名，最後再點選「站站查詢」的 icon，系統就會列出經過兩個站點的公交車。

點選時發現「海珠廣場」附近共有海珠廣場、海珠廣場（僑光東路）、海珠廣場（僑光西路）、海珠廣場（一德東路）4 個站牌。你可以每個都點點看，點過後會發現 88 路公交車從彩虹橋站可直接到達海珠廣場（一德東路）這個站牌，其他的都要轉車，所以 88 路公交車是比較方便的路線。

當然我也會點選 88 路公交車的連結，看看這線公交車有經過哪些地方，點選後列出 88 路公交車經過的站點如下：

88 路

市區線路（西場－南天商貿城）票價：全程 2 元

上 行

西場總站 > 和平新村 > **彩虹橋** > 荔灣路 > 陳家祠 > 中山七路 > 西門口 > 中山六路 > 解放中路 > 解放南路 > 海珠廣場（一德東）> 江南大道北 > 基立村 > 雲桂村 > 怡樂村 > 省榮軍醫院（榮校）> 中山大學 > 康樂村 > 客村 > 墩和 > 園藝場 > 上沖 > 上沖南 > 洛溪橋腳 > 商業城路口 > 南天商貿城總站（共 26 站）

下 行

南天商貿城總站 > 商業城路口 > 洛溪橋腳 > 上沖南 > 上沖 > 園藝場 > 墩和 > 客村 > 康樂村 > 中山大學 > 省榮軍醫院（榮校）> 怡樂村 > 雲桂村 > 基立村 > 江南大道北 > 海珠廣場 > 解放南路 > 解放中路 > 中山六路 > 西門口 > 中山七路 > 陳家祠 > 荔灣路 > **彩虹橋** > 東風西路 > 和平新村 > 西場總站（共 27 站）

台北市見不到的廣州電動公車，公車頂上兩根竿子用來輸電

解放南路

另外，廣州大都市鞋城、廣州解放鞋業城和高第西鞋街都位在解放南路上，所以想去這裡看看鞋子，也可以搭 88 路公交車到「解放南路」下車。逛逛後再走 5 分鐘就可以到萬菱廣場，最後還可順著廣州賓館前的那條路拐進泰康路，走到泰康城廣場去批飾品。

光是搭這條 88 路公交車就可以逛遍海珠廣場周邊的鞋類、小商品、飾品、家飾、文具、玩具等批發商場，最後再到廣州賓館旁廣州起義路上的「海珠廣場站」公交站牌等 88 路公車回彩虹橋，而且來回車資只要人民幣 4 元（不到新台幣 18 元！）。這樣不僅省錢，沿途還能深入參觀廣州的庶民生活，何樂而不為呢？

記住，廣州的公交車也是來回行駛，一旦你已確定要搭哪一路公交車，然後在等車的公車站牌發現公交車沒有到你要去的地方時，那就走路到對面去搭。

好用的地圖網站「圖吧」

除了 Google 地圖功能之外，這裡我再介紹一個大陸好用的地圖網站「圖吧 mpabar」（http://www.mapbar.com）。這個地圖搜尋網站速度很快，而且好處是電子地圖 zoom-in 之後，也會跟著標出很多商場。只要你不是路癡，應該很容易就會看懂各個批發商場的相關位置。

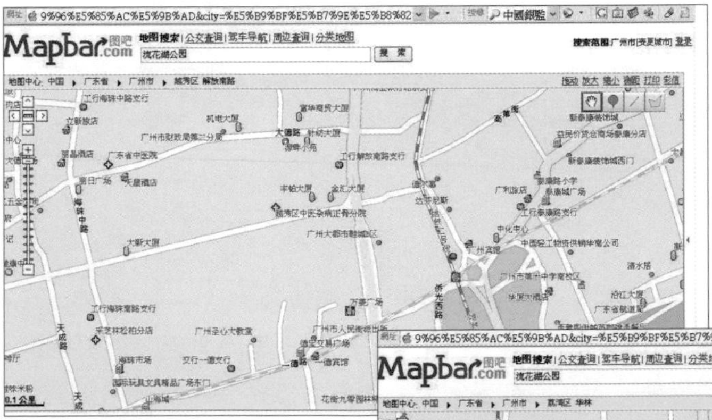

海珠廣場商圈

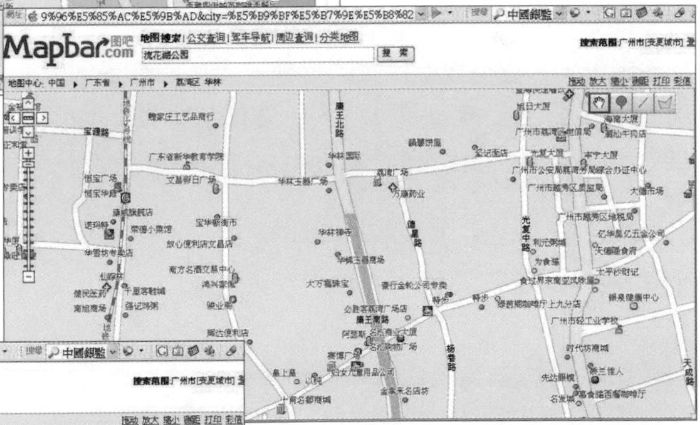

荔灣廣場商圈與上下九步行街

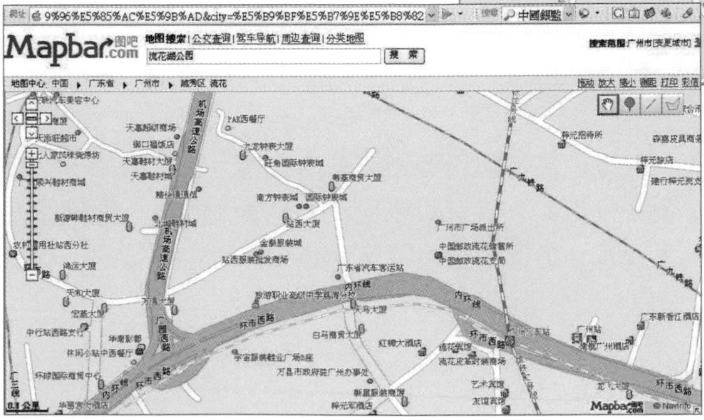

廣州火車站與站西路

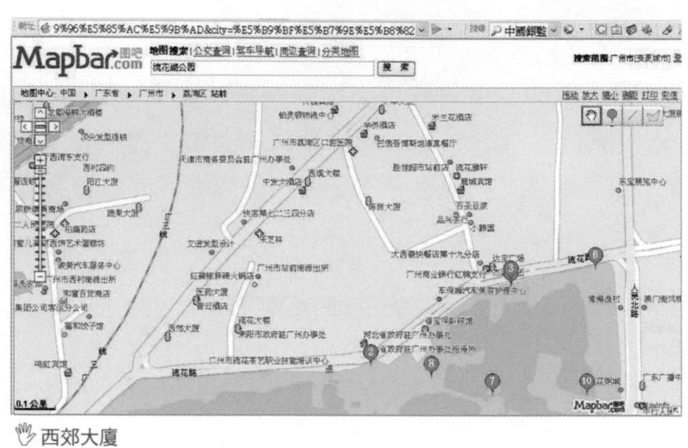

西郊大廈

台灣人到內地，只要是在市區活動時，通常都只想到最簡單的方法——「打的」。但想想看有時候一天光是「打的」的車費可能就要花上百元人民幣，雖然方便，但又怕的士師傅（運匠大哥）會不會吃定我們是外地人，給你來個環城觀光大旅遊。其實更可能的情況是，廣州很多的士師傅也是外地人，廣州那麼大，他們自己也搞不清楚東南西北，常常連自己都迷路了（這絕不是開玩笑，我以前在廣州就遇過這種事）。

所以，要解決在廣州的交通問題，除了事前要多做功課外，另外買份廣州地圖也是絕對不能省的。

通常到外地批貨，想圖方便就省不了錢，想省錢就得多勞動。我自己跑了幾趟廣東後，發現還是可以找到一些既方便又省錢的批貨行程。

因此從台北到廣州的交通路線，我一直拉拉雜雜講到廣州市區的交通，希望讓第一次去廣州的台灣批貨客能對廣州的環境有多一分認識，這樣即使從沒去過廣州的人，看完我的說明後，也能夠在到達廣州後盡快進入狀況，降低人生地不熟的恐懼感，讓批貨的行程既省錢又方便。

6

住宿篇

投宿地點最好不要離批貨商場太遠，不然光是計程車錢可能就讓你吃不消。

這裡介紹幾家平價連鎖酒店給想去批貨的人。

你必須知道住宿的 4 大安全條件

有人問我，去廣東批貨，住哪裡最省錢？我很直接回答他：「住朋友家最省錢。」只不過可不是每個人在廣州都有朋友的，所以這只是癡人説夢，別太當真，以下我們來仔細分析去廣州批貨的住宿問題。

通常到廣州批貨的行程平均為 4 ～ 5 天，這也就等於在廣州要住 3 ～ 4 夜，選擇住處時，我會考量以下幾點：

廣州公交車是廣州人的主要交通工具，批貨搭公交車也很方便

- ✓ 價格
- ✓ 離批貨地區的距離
- ✓ 安全與乾淨
- ✓ 生活機能

做生意總是將本求利，所以我會把住宿價格擺第一。另外，酒店最好離批貨地點不要太遠，或是有便捷的交通工具或路線。否則光搭計程車可能就比住宿省下來的費用還高，而且一天批貨下來，當然希望能盡快回到酒店休息。

7-11 便利商店或超市，方便採購礦泉水或水果等生活用品

而安全問題，主要是考量酒店所在的區域是不是很複雜，如果晚一點回到酒店，會不會因為地處偏遠而增加危險性。最後生活機能指的是酒店附近有沒有簡餐或速食店，7-11 便利商店或超市，方便採購礦泉水或水果等生活用品。

如果酒店沒有早餐，麥當勞也是個選擇

早餐一定要豐盛

由於批貨一天下來會消耗你大量體力，豐盛的早餐非常重要。所以，我覺得在訂酒店時最好先確認酒店是否有早餐，這樣可省掉很多找地方吃早餐的麻煩。如果酒店沒有早餐，附近有麥當勞或肯德基也是不錯的選擇。

另外，投宿的酒店和批貨地區如果在同一區的話，也能節省不少交通時間。像廣州的批貨區大都集中在西邊的越秀區與荔灣區，如果住到東邊的天河區，甚至更遠的黃埔區，光是搭車就要耗掉好久的時間，非常不划算。因此，在越秀區、荔灣區或海珠區的地鐵沿線找酒店會是比較好的選擇。

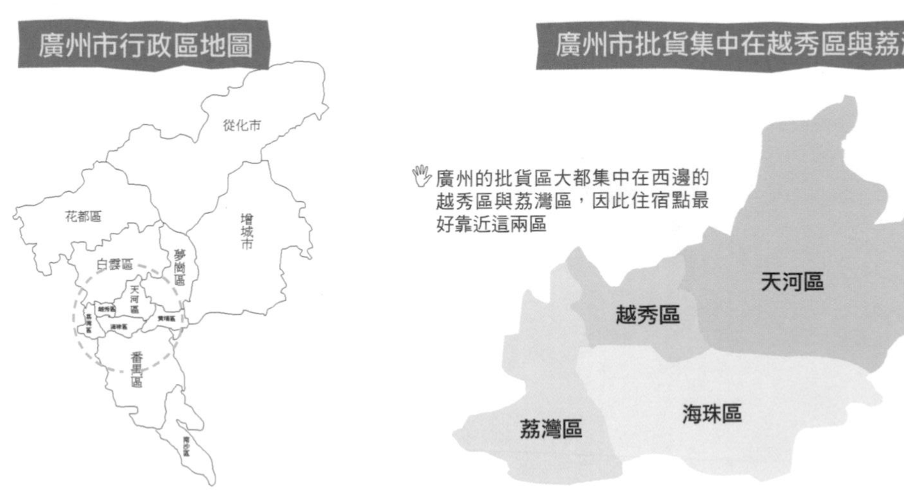

廣州的批貨區大都集中在西邊的越秀區與荔灣區，因此住宿點最好靠近這兩區

廣州是個國際性大都市，每年除了兩次的廣交會吸引大量國際買家到廣州考察市場上最新的商品外，還有很多專業展也會吸引大陸各省市的供應商齊集廣州。因此，廣州的高、中、低檔酒店非常多，要高檔有高檔的，也有很多便宜的賓館。而這兩年經濟型連鎖酒店開始在各區拓展分店，因此別擔心到廣州批貨找不到住的地方，反而是否找到上述交通便利、價格又合宜的酒店才比較傷腦筋。

我建議找酒店時，可依照地鐵與公交車兩個條件來找，因此多瀏覽幾個大陸常用的旅遊或酒店搜尋網站，每家酒店的網頁中都會說明酒店地點、房間規格與價格、有沒有供應早餐、有沒有寬帶（寬頻）服務以及地鐵、公交車的交通動線。

你也可以配合我在交通篇所提的「廣州公交路線查詢網」(http://guangzhou.bus84.com/)、廣州地鐵公司網站（http://www.gzmtr.com/）及地圖網站「圖吧 Mapbar」(http://www.mapbar.com/）來查詢酒店的交通是否便利。

好用的大陸交通住宿地圖網站

攜程網
http://www.ctrip.com/

廣州公交路線查詢網
http://guangzhou.bus84.com/

廣州地鐵公司網站
http://www.gzmtr.com/

圖吧 Mapbar
http://www.mapbar.com/

越秀、荔灣、海珠區地鐵沿線星級酒店

我在交通篇中提到，廣州的各色商品批發商場大都集中在廣州火車站和省汽車客運站的站南路、站西路、站前路、環市西路附近，以及幾個地鐵站附近。廣州火車站雖然白天人潮洶湧，但到了晚上，大概連本地人都不願意去。所以就安全性來說，我並不建議住在火車站附近的酒店。

除非你有黃飛鴻的身手，否則晚上不要到廣州火車站閒晃

但幸好有地鐵，省掉了許多交通麻煩，二號線上最主要的批發站點包括「廣州火車站」、「海珠廣場」、「三元里」（可以到位在解放北路上的白雲世界皮具貿易中心及對面的梓元崗），至於一號線上則只有「長壽路」離半寶石批發商場荔灣廣場較近，因此我覺得住在地鐵二號線上的酒店是比較好的選擇。接下來，我們來看看越秀區、荔灣區和海珠區地鐵站沿線有哪些酒店。

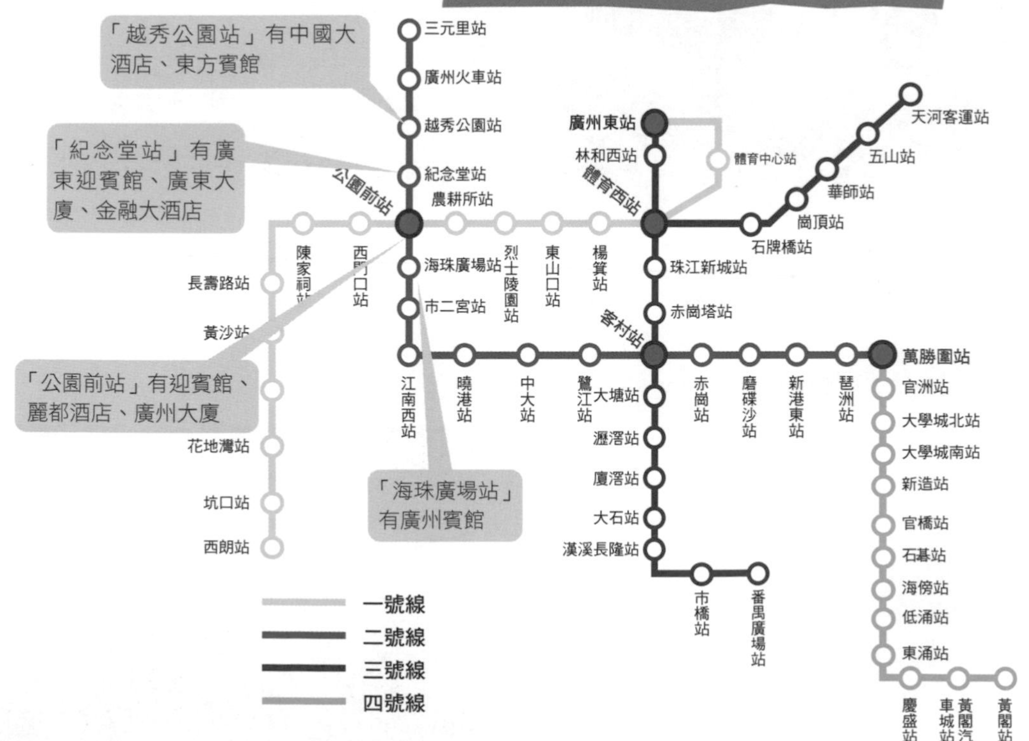

首先我得說明的是，以上提到的這些酒店或賓館，聽起來好像都不怎樣。不過，在大陸，「飯店」這個詞反而用得少，很多 5 星級的飯店，名字也是叫某某賓館、某某酒店，所以這是兩岸旅館業的差別。

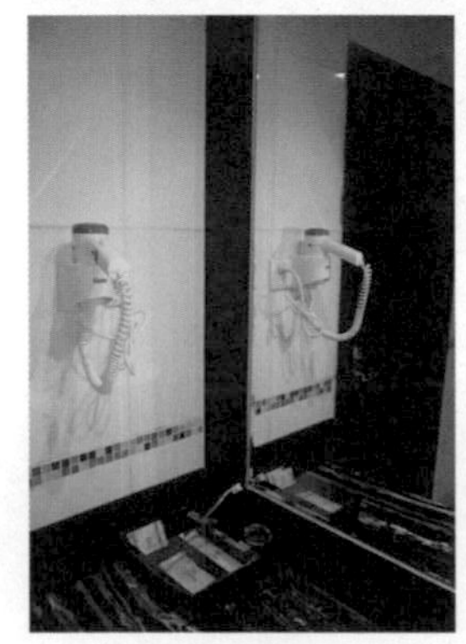

【東方賓館】

地鐵二號線「越秀公園站」的〔東方賓館〕位於廣州市流花路 120 號，這是一家 5 星級酒店，2004 年才重新裝潢，包括周恩來、鄧小平、前英國首相柴契爾夫人等都曾下榻於此。中國林園式的建築設計，讓東方賓館更顯特色。不過，房價平均在 700 ～ 850 元人民幣之間，並不便宜。

【廣東迎賓館】

地鐵二號線「紀念堂站」的〔廣東迎賓館〕位於解放北路，前身是省委招待所。這是家 4 星級的酒店，也是屬於林園式酒店，在網頁上看到的標準雙人房一晚房價是 380 元人民幣，高級商務房則是 530 元人民幣。

〔廣東大廈〕也是 4 星級的酒店，位在東風中路 309 號，走路到北京路商業區只要 10 分鐘，到地鐵站也是 10 分鐘。

【麗都酒店】

「公園前站」的〔麗都酒店〕位在廣州熱鬧的北京路商業步行區，離海珠廣場約步行 15 分鐘。這家酒店的房價不高，標準雙人房的門市價格為 268 元人民幣，看起來滿便宜的；高級雙人房則為 298 元人民幣。

有內地旅客說，麗都酒店是廣州北京路上唯一價格實惠的酒店，但我沒住過，不是太清楚。不過以其房價來看，確實滿實惠的。但也有旅客覺得他們的房間較小。房間大小是很主觀的感受，但房價就很客觀。以星級酒店來說，如果能入住 300 元人民幣左右的標準雙人房，應該是滿合宜的。

【廣州賓館】

位於地鐵二號線「海珠廣場站」的〔廣州賓館〕是一家 3 星級的賓館，客房分成「城景房」和「江景房」。主要是因為廣州賓館位於珠江邊，面對珠江的那一面客房自然成為看珠江夜景的絕佳景點，所以江景房的房價自然比城景房要高。

根據我實際步行經驗，廣州賓館離地鐵「海珠廣場站」走路只要 2 分鐘，而且離珠江也不遠。如果白天批完貨，晚上想去喝點小酒，也可以到附近的沿江酒吧一條街。批貨腹地大，如果想住這裡也是可以的，但房價我可就不敢保證了，有興趣的人可自行上廣州賓館網站查詢。

這些 3 星級以上的酒店大都有提供網上訂房服務。不過，我也曾遇過有些準 3 星級酒店，他們要求除了線上訂房外，還要事先繳付訂金，而且不能線上刷卡，這一點對台灣批貨客來說就很不方便了。

那現場訂房呢？通常我遇到的情況都是我事先在網上查詢最低價客房，但是到了現場，櫃檯人員一定會說「都沒了」，所以你只好以門市價格訂再高一等級的客房。這樣一來，原本以為只要花 300 元人民幣就能入住的房間，往往至少要 500 元人民幣才能擺平。

我曾在深圳遇到開口就是 980 元人民幣一晚的 4 星級酒店，當場拖著行李就往外走。所以，如果沒有事前訂房，到了廣州後才開始找 3 星級以上的酒店入住，那就真的要賭運氣了。

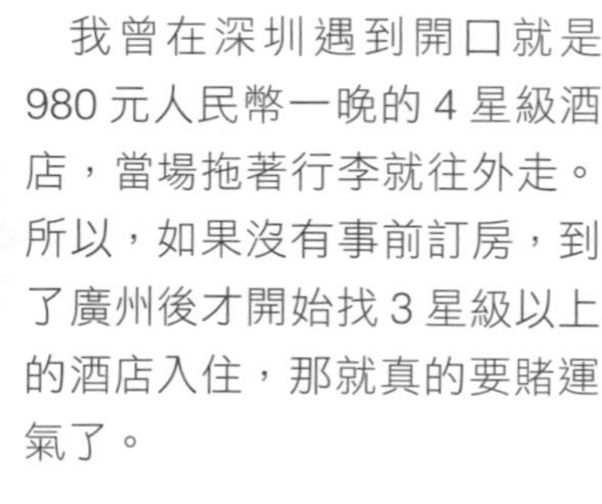

廣州經濟型連鎖酒店

至於廣州有沒有低於 200 元人民幣一晚，或是至少價格合宜一些的酒店呢？有的，現在廣東有越來越多的經濟型連鎖酒店。這些經濟型連鎖酒店出現的原因，就在於大陸經濟快速發展之後，人民旅遊逐漸成為風氣，無數的散客不見得願意花好幾百元人民幣的價錢住一晚星級酒店，卻很喜歡價格在 150 ～ 250 元人民幣這樣的住宿。有人看到這一塊新興市場，所以才開始帶動經濟型連鎖酒店的市場。

現在廣東的經濟型連鎖酒店中，比較知名的有〔如家快捷連鎖酒店〕、〔7 天經濟連鎖酒店〕、〔嶺南佳園連鎖酒店〕、〔錦江之星〕、〔漢庭〕，還有一家叫〔格林豪泰連鎖酒店〕，不過目前在廣東省的分店不多。當然還有很多目前只有單店的經濟型商務酒店，我只能盡量以我所知或自己的入住經驗來介紹。

如果以 7 天、如家、錦江之星、漢庭這四家酒店來看，7 天和如家是較便宜的，通常被歸在一個等級，錦江之星和漢庭則是另一個等級。我一向喜歡 7 天，房價是四家連鎖酒店中最低的，但有人認為 7 天內部格局與裝潢不好，且地理位置不是離地鐵站遠，就是在巷弄內，錦江之星和漢庭的條件就好些。錦江之星貴了點，但依我入住的經驗，它的房間比較大，如果批貨量多、行李也多，住錦江之星會比住 7 天來得寬敞些。

我們都以為大陸很落後，但其實現在不管是錦江之星或 7 天，都有媲美星級酒店的門禁，房客要進電梯前必須先刷房卡，電梯才能啟動，可避免閒雜人等進入酒店的住房區，而且7天的規定是房客都需要到櫃檯「刷卡」一下，有點像是每天到櫃檯報到一下的感覺。

【如家快捷連鎖酒店】

如家快捷連鎖酒店（http://www.homeinns.com/）是大陸還算有規模的連鎖酒店，已經在 2006 年 10 月於美國那斯達克掛牌，成為第一家在美國股市掛牌的中國經濟型連鎖酒店。

如家快捷連鎖酒店在廣州的分店有小西關店、上下九店和白雲路店，大床房價格約為 179 元人民幣上下，其中小西關店離地鐵一號線陳家祠站走路約 10 分鐘，還算近。

如家快捷連鎖酒店（http://www.homeinns.com/）

廣州解放中路公園前地鐵站店

地址：廣州市越秀區解放中路 410 號（2 號線公園前站 A 出口步行 2 分鐘）
電話：002-86-020-66606600

廣州小西關店

地址：廣州市荔灣區荔灣路 97 號
電話：002-86-020-81299868

廣州上下九長壽路地鐵站店

地址：廣州荔灣區逢源路 34 號（離長壽路地鐵站 D2 出口 200 公尺）
電話：002-86-020- 28350777

廣州白雲路店

地址：廣州市越秀區東華南路 19 號
電話：002-86-020-83292998

默认排序 星级 评分 价格 最佳客栈 只看有房 只看团购

0000 4.2分 618条点评
广州经济型酒店好评第57（共298家）

2 如家快捷广州上下九商业步行街店 ¥161起
该酒店是如家快捷品牌酒店。
0000 4.1分 105条点评
广州经济型酒店好评第93（共298家）

3 如家快捷广州番禺市桥地铁站店 ¥189起
该酒店是如家快捷品牌酒店。
0000 4.2分 114条点评
广州经济型酒店好评第64（共298家）

【7 天連鎖酒店】

至於 7 天連鎖酒店，在大廣州區共有數十家分店，其中廣州北京路分店離地鐵二號線「海珠廣場站」走路要 15 分鐘；荔灣路分店在地鐵一號線「陳家祠站」附近，走路約 10 ～ 15 分鐘；客村店則離地鐵二號線「客村站」走路也是 10 ～ 15 分鐘。

我覺得荔灣路分店或北京路分店較適合批貨客；客村店因為距離較遠，到海珠廣場站有 6 站的距離，到廣州火車站則有 10 站之遙，實在是遠了點。所以我會建議想住 7 天的話，就住這兩家分店會好些。

荔灣路上有 2 ～ 3 家連鎖酒店，7 天是其中之一

荔灣路這間 7 天連鎖酒店有 8 層樓，房間數不少

廣州荔灣路的麥當勞也是24 小時營業

不過，北京路分店和隔壁建築靠得太近，如果很在乎隱私的人可能會不喜歡那種感覺。當然，我沒住過，所以不敢說住房的品質如何，但看了部分內地旅客對「7 天連鎖酒店」的評價，中肯的說，它也算是 CP 值滿高的連鎖酒店。

荔灣路分店則在荔灣路新大新百貨旁，但它的主建物並不是在大馬路邊，所以要往裡頭走約 20 公尺。由於招牌小小的，又掛得高高的，而我們走路習慣又不會一直往上看，因此如果稍不注意，很容易忽略了它的招牌。不過好處是因為建物離馬路有一小段距離，所以是滿安靜的，而且旁邊就有 24 小時營業的麥當勞和一家 24 小時營業的超市。

除此之外，還有江南西地鐵站店、江泰路地鐵站店、昌崗美術學院二店也可以考慮，這三個分店都是在地鐵二號線上，雖然比荔灣路分店或北京路分店離一些批發商場要遠一點，但畢竟還是在地鐵二號線上，而且價格比荔灣路分店或北京路分店便宜一些，又不用換地鐵線，一趟車就可以來回酒店和批貨地點。另外昌崗美術學院二店附近有麥當勞、肯德基、7-11，而且只要走 5 分鐘，江燕路上還有一家「華潤萬家」超市，生活機能非常方便。至於江泰路地鐵站店距離地鐵站出口非常近，大概只要 50 公尺就到了，加上位於兩條馬路之間的大巷子，感覺很安靜，因此我也很建議可入住這三個分店。

7 天連鎖酒店（http://www.7daysinn.cn/）

北京路分店

地址：廣州市北京南路左二巷內
電話：002-86-020-83230500

荔灣路分店

地址：廣州市荔灣區荔灣路 106 號
電話：002-86-020-81269588

江南西地鐵店

地址：廣州市海珠區江南大道中 151 號 6-7 樓（2 號線地鐵江南西站 E 出口直行 50 公尺、萬國廣場正門旁）
電話：002-86-020- 89605588/020-89605589

江泰路地鐵站店

地址：廣州市海珠區江燕路南珠 20 號（地鐵 2 號線江泰路站 D 出口直行 10 公尺右轉走 20 公尺即到）。
電話：002-86- 020-84139988

昌崗美術學院二店

地址：廣州市海珠區江南大道南 416 號（炳勝酒家旁）
電話：002-86-020- 34420333

沙河店

地址：廣州市天河區廣園東路 1933 號 / 廣園東路與廣州大道中交匯處（濂泉路口 / 現代醫院西 100 公尺）
電話：002-86-020-37251888

【嶺南佳園連鎖酒店】

嶺南佳園連鎖酒店在廣州有 7 家分店，不過這 7 家分店中，只有中山四路分店離地鐵站最近，走路到地鐵一號線農耕所站只 5 ～ 10 分鐘，交通非常方便。它的經濟大床房目前看到的門市價格是 169 元人民幣，雖然我沒有住過，不過住房硬體設備看起來挺不錯的，同樣也有寬頻上網（當然筆記型電腦要自己帶啦），這大概已經是經濟型商務酒店必備的設備了。

嶺南佳園連鎖酒店（http://www.gardeninns.com.cn/）

中山四路店

地址：廣州市德政中路 388 號　電話：002-86-020-83274633

【錦江之星連鎖酒店】

錦江之星連鎖酒店的分店多分布在上海、華東與華北，廣州則只有 3 家分店：中山紀念堂店、荔灣彩虹橋店、海珠江燕路店。中山紀念堂店在地鐵二號線中山紀念堂站附近，走路約 400 公尺左右。荔灣彩虹橋店位於與荔灣路交叉的西華路上，和 7 天連鎖酒店的荔灣路分店非常近。我住過的是海珠江燕路店，和 7 天的江泰路地鐵站店只有 50 公尺的距離，商務連鎖酒店該有的設備都有，我也是滿推薦錦江之星的。

錦江之星連鎖酒店（http://www.jj-inn.com/）

荔灣彩虹橋店

地址：廣州市荔灣區西華路 77 號

電話：002-86-20-81705918

廣州中山紀念堂店

地址：廣東省廣州市越秀區解放北路 777 號

電話：002-86-020-83549088

廣州海珠江燕路店

地址：廣東省廣州市海珠區江燕路 245 號

電話：002-86-020-34369088

【明韓連鎖酒店】

明韓酒店是一家較小的連鎖商務酒店，2006 年 12 月才開張，目前僅有位於荔灣路 100 號新大新百貨五樓的總店、位於天河區的天河店，以及白雲區的棠景店。後兩家離批貨商圈較遠，在此我就只介紹荔灣店。

明韓連鎖酒店（http://www.128uu.com/inns_view_1748.html）

地址：廣州市荔灣路 100 號 5 樓
電話：002-86-020-62602222

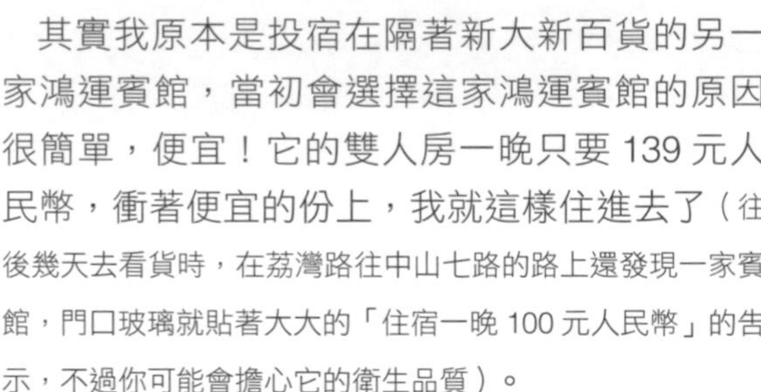

其實我原本是投宿在隔著新大新百貨的另一家鴻運賓館，當初會選擇這家鴻運賓館的原因很簡單，便宜！它的雙人房一晚只要 139 元人民幣，衝著便宜的份上，我就這樣住進去了（往後幾天去看貨時，在荔灣路往中山七路的路上還發現一家賓館，門口玻璃就貼著大大的「住宿一晚 100 元人民幣」的告示，不過你可能會擔心它的衛生品質）。

明韓連鎖酒店在大新百貨的 5 樓

兩天下來，鴻運賓館實在住得不是很舒服，房間陰暗，衛浴設備有點陳舊，枕頭薄薄的一片，兩片枕頭疊起來還是睡得不舒服，加上晚上睡到一半，會覺得癢癢的；勉強住了兩天，最後落荒而逃，第 3 天一早只好拖著打包好的行李到距離 20 公尺遠的明韓連鎖酒店。

明韓連鎖酒店的一樓櫃檯裝潢得非常時尚感，一下子就吸引我的目光。為了小心謹慎，我在入住明韓連鎖酒店前，要求他們先讓我看一下住房。請切記這一點，你可以要求他們先讓你看房間，滿意了再去樓下櫃檯登記，不滿

明韓連鎖酒店的一樓大廳

明韓連鎖酒店的大床房，一晚只要人民幣 158 元

意也不必客氣，反正荔灣路上至少就有 3 家經濟型連鎖酒店可供挑選。

住這類經濟型連鎖酒店的好處是，即使沒有電話預約，到了現場幾乎都訂得到房（除非是廣交會或其他專業會展會期），而且價格都在 160 ～ 220 元人民幣之間，算是非常經濟實惠的住宿選擇。

這家明韓連鎖酒店有樓下 24 小時營業的麥當勞，所以無論再晚想吃點東西都不怕填不飽肚子（我在廣州曾有 7 天，每天早上都去麥當勞報到，大概把我半年跑麥當勞的 quota 都用完了）。

另外，旁邊 20 公尺外還有一家 24 小時營業的「金子里超市」，裡面有賣各種食品及生活用品，也有賣各種酒類，當然想在批貨期間補充維他命的人也可以在這裡買到水果。而且離明韓連鎖酒店不到 20 公尺處，就是 7 天連鎖酒店的荔灣路分店，我想剛好兩家連鎖酒店都客滿的機率應該不高吧。

我下榻的明韓連鎖酒店旁有一家 24 小時營業的金子里超商，讓暫住的那幾天更方便

連鎖酒店大都有裝潢風格明亮的特色

收據要保管好

投宿經濟型連鎖酒店，通常櫃檯會先了解你大概要住幾天，然後以天數 × 房價，先向你收取大致的房費，當然他們會開一張收據給你。切記！這張收據要保存好，等你要退房那天，就可以憑此收據退錢，或是補差額。

Check in時，需要支付所有金額，因此一定要保留好押金收據

還有，在廣州住酒店或經濟型連鎖酒店，即使你在登記入住時告訴櫃檯你要住幾天，但你有至高無上的權利決定要不要住到那個天數。只要你覺得不高興，或是想要去別的地方住，還是你在廣州有豔遇（唉！我就沒遇到），就告訴櫃檯你要退房，櫃檯人員是不會有意見的。請記得，這是你的權利。

台灣人開的民宿【朋遠來會館】

最後我要介紹這家位於地鐵公園前站旁、由台灣人經營的民宿「朋遠來會館」。這間民宿位於廣州知名酒店「廣州大廈」旁的尚峰酒店公寓 42 樓，經營者是一對年輕情侶 Viktor 和 Eva。Viktor 過去幾年在上海從事廣告業，在 2010 年上海世博時，發現高品質民宿在中國的商機，於是投入民宿業務，現在除了經營朋遠來會館，上海也有供長期承租的民宿。

朋遠來會館位在地鐵一號與二號線的交接口「公園前站」（看地鐵路線圖，就會知道會館所在的地點，不管要去哪個批發商場都是最方便的地段），如果你是第一次前往，出地鐵站後，可以走 F 出口，一出站有一家星巴克，算是很明顯的地標。走到地面層後，眼前的大馬路就是中山五路，順著東西向的中山五路往東走（大陸人在指路時，普遍都用東、西、南、北方向，這一點對台灣人來說，可能有點困難），如果不知哪邊是東邊，問一下路人或十字路口的交通指揮員哪邊是北京路，一定可以給你明確的方向。

朋遠來會館所在的尚峰酒店公寓比廣州大廈更高，只要走到中山五路與北京路的交叉口一定不會錯過。站在交叉路口，遠遠可看到一棟古色古香的洋樓，那是廣州財政廳，財政廳旁就是廣州大廈與尚峰商務酒店的入口，不用管門口的管理員，順著路往裡頭走，再順著上坡路走，會先看到廣州大廈，右手邊就是尚峰了。

第一次住 42 層樓高的民宿，感覺很有趣。我在朋遠來的幾天，有看到馬來西亞、台灣的遊客，他們大都是第一次來廣州，有人是自由行，有人來尋根，不過很多人選擇這裡的原因是安心、信任。畢竟民宿能提供的不僅是一個價格合宜的住宿空間，還有更多貼心的廣州旅遊資訊（Viktor 曾自己在中國走南闖北，足跡遠達西安、成都，不管你是因公或因私要到廣州，Viktor 都能給你很多寶貴的旅遊及美食資訊）。

位於尚峰商務酒店大樓的朋遠來會館

朋遠來目前有一個約 50 坪的單位，共有 4 個房間，每個房間都有絕佳的 view。大多數的平價連鎖酒店由於地段與樓層規畫的關係，大都只能看到單調的民宅，有的甚至連一扇對外窗都沒有。而且，朋遠來的房價與同地段的 7 天、如家並沒有太大差別。

朋遠來的房間分成套房及雅房兩種，套房有附浴室，雅房則是共用。其實住在這裡就像住在家裡一樣，而且「人口」簡單，所以不太會有入住期間「廁所不夠用」的問題。

朋遠來會館的景觀房可以欣賞廣州市夜景

總之，我自己住的感覺很好，也不會因為是民宿，而有主人整天盯著你的問題，反而是出門在外，總會有一些問題希望能夠找「自己人」問。因此，如果想去廣州批貨、出差或自由行，我非常建議到這裡體驗一次。不過請記得最好提早以 e-mail 詢問 Viktor 是否有空房，Viktor 都會熱誠接待，不管想去哪裡，問 Viktor 就對了。

廣州朋遠來會館（http://pure-land.webnode.tw/）

地址：廣州市越秀區北京路 374 號之 3 尚峰商務酒店大樓 42 層
e-mail：pureland7@hotmail.com

像這樣的批貨客在荔灣廣場隨處可見

推薦住宿地點

介紹了這麼多星級酒店與經濟型連鎖酒店，也談了廣州許多地點，坦白說，為了安全起見，我還是不會建議讀者去住廣州火車站附近的。

翻開地圖，看了半天，基於地緣與交通、生活便利等因素，去廣州批貨時，我很推薦去住朋遠來會館（距離公園前站的 F 出口步行約 10 分鐘可到），雖然最後有一段小小的上坡路，但如果不在乎，又想住在 42 層樓高的豪宅民宿，不妨一試。

另外，也可選擇住在荔灣路上的任何一家經濟型連鎖酒店。這裡離站前路的西郊大廈走路約 20 分鐘可到，在門口的彩虹橋公交站牌搭 52 路公交車，只要兩站就可以到西郊大廈的西苑公交站（如果搭地鐵，反而要繞一大段路）。接著，再往前搭兩站，到站前路及廣州火車站總站，就可到火車站的鐘錶、外貿服裝、鞋類等批發商場批貨。

搭 88 路公交車，可以到海珠廣場周邊的廣州大都市鞋城、萬菱廣場、泰康城廣場。

西郊大廈是廣州主要的飾品批發商場，是飾品業者的批貨聖地

想到桂花崗三元里附近的白雲世界皮具貿易中心、聖嘉皮具商貿中心、億森皮具城等皮件批發商城，可以搭 105、555 路公交車。另外，想去三元里考察皮件材料價格，也可以走路到陳家祠地鐵站搭地鐵一號線再轉二號線到三元里；想去十三行的新中國服裝城撿便宜，也可以搭地鐵到海珠廣場後再轉搭計程車過去，車資也還算便宜。

最後我會建議的住宿地點是地鐵二號線江泰路站的 7 天或錦江之星，優點是江泰路站的酒店房價會比市區酒店低個 20 元左右，而且只要順著地鐵二號線就可以到達幾個重要的批發商場。江泰路站距離海珠廣場站只有 4 站，距離廣州火車站只有 8 站，大概就是 15 分鐘的車程，不算遠。如果住 7 天江泰路地鐵站店或錦江之星海珠江燕路店，出站後只要步行一小段距離就可走到，這對走了一整天路的批貨客來說是很重要的。

最後的總結是，荔灣路的交通動線剛好很符合批貨客的需求，江泰路站則是一趟地鐵就可抵達，想嘗鮮則建議去住朋遠來會館，這些都是便利、安全、價格又便宜的客房。

沙河批貨的住宿地點

台灣批貨客通常到廣州批貨都偏好住平價連鎖酒店，對於一些獨立經營的小旅館，通常敬謝不敏。不過我在搭公交車去沙河的路上，認識兩位也是要去沙河批貨的女孩，她們就住在沙河的一家鑫園賓館。

熱鬧的江泰路

鑫園賓館一聽就知道是那種獨立經營的旅館，從廣州火車站的公交車總站搭 257 號公交車往沙河方向，只要 7 站到「濂泉路站」下車，往回走 20 公尺就可以看到鑫園賓館。根據兩位女孩的經驗，這家賓館的標準雙人房一晚房價是人民幣 168 元，基本上是衛生、安全的獨立旅館。如果到廣州多數時間都在沙河的廣東益民服裝城批貨的話，也可考慮就住在鑫園賓館。

最後提醒你，如果要去廣州批貨，最好避開 5 月及 10 月的廣交會，因為在廣交會期間，廣州酒店、賓館的房價會三級跳。以廣東迎賓館的標準雙人房為例，平日為 380 元人民幣，廣交會期間按不同時段，暴漲到 650 元，甚至到 1,530 元人民幣，即使是經濟型連鎖酒店也至少漲一倍。所以，台灣的批貨客最好能避就避，免得批貨成本暴增。

住宿

虎門住宿推薦

虎門的酒店價格從人民幣 200 元到 500 元不等，3 星級酒店的價格約在人民幣 200 ～ 250 元之間；4 星或 5 星級酒店，如位在虎門大道上的〔匯源海逸酒店〕或〔豪門大酒店〕，一晚價格差不多人民幣 450 ～ 550 元左右。

不過，這樣的房價對我來說太高了，畢竟我是來批貨的，所有的旅遊成本都必須分攤到我所批的貨品當中。所以，如果能壓低到人民幣 200 ～ 250 元，才是我能接受的範圍。

由於我在虎門沒找到平價連鎖商務酒店，於是找了一家符合我的價格定位的酒店，這家叫「大同酒店」的 3 星級酒店符合我在廣東住宿的 4 大條件：1. 價格合宜，2. 離目的地近，3. 衛生條件不錯，4. 生活機能 OK。

【大同酒店】

大同酒店算是虎門的酒店中，符合我「選秀」條件的酒店，當然也許還有其他酒店也符合這些條件。不過如果日後要常跑虎門的人，除非想嘗試不同的酒店風格，否則可能也不會每次都住不同家酒店。

另外，大同酒店也是台商投宿率很高的酒店，這大概就是口碑吧。我和幾個去過虎門做生意的台商聊過，大家都住過或至少聽過大同酒店，評價也都 OK。

大同酒店的商務單人房牌價是人民幣 268 元，當日價格為 188 元，商務雙人房為 238 元，當日價格為 178 元，價格還可以接受。

虎門大同酒店雙人房

虎門大同酒店外觀

虎門的生活機能不錯，離酒店不遠處有各類餐廳

大同酒店的地址是東莞市虎門鎮銀龍南路東二巷 36 號，和銀龍路是同一條路的巷子。雖然説是巷子，不過算四線道的道路，沒想像中那麼狹窄。從地圖來看，大同酒店位在銀龍路的南端，因此出酒店後往左走，大概 100 公尺就遇到銀龍南路，往右轉走進銀龍南路，約 200 公尺就到銀龍南路與虎門大道的十字路口，站在路口朝右前方看，大瑩女裝批發城和黃河時裝城就在右前方對面。

穿越虎門大道後，就是銀龍路了，只要再往前走 200 公尺就會看到大瑩東方國際服裝商貿城，也就來到虎門服裝批發商圈了。走路約 15 分鐘可達批發區，以大陸來看，這樣的距離算是非常近了。

接著以安全及乾淨來看，我在這裡住過幾天的經驗，並沒有看到蟑螂，幾天睡下來身體也沒有癢癢的感覺，而且浴室也很乾淨，這一點也算過關了。

最後再來看生活機能。大同酒店的這條巷子有餐廳、便利商店、雜貨店，附近還有蘭州牛肉麵、烤羊肉串、各式火鍋，走到虎門大道上選擇就更多樣了，麥當勞、肯德基、味千拉麵等都有，所以吃飯挺方便的。

附早餐

順道一提，大同酒店的房費是有附早餐的，這一點很重要，因為一天批貨下來，對體力和腳力是極大的挑戰，到了第 3 天，你就會知道酒店的自助早餐是多方便的一項服務。

當然，這裡的自助早餐沒辦法和 5 星級酒店相提並論，但中西式餐點都有，應該足以滿足批貨客的需求。中式有稀飯、炒蛋、炒麵和其他小點，西式則有土司、火腿、小熱狗等，我一下子也記不起來，但絕對夠吃，而且也滿合台灣人口味。

【八方快捷、速 8 酒店】

此外，還有 7 天、速 8，以及八方快捷等平價連鎖酒店，都位於虎門批貨區，也就是銀龍北路的西邊，離黃河時裝城很近，步行不到 5 分鐘就可到永安客運站（不管要往深圳或廣州，都在此站搭巴士），非常方便。我曾住過長安鎮的八方快捷，房間清爽乾淨，房價算便宜，平均房價在人民幣 160 元以下，相信虎門的八方快捷品質應該也一樣。

虎門鎮大同酒店

地址：東莞市虎門鎮銀龍南路東二巷 36 號
電話：002-86-769-8502-1999
e-mail：85021999@163.com

虎門鎮八方快捷酒店

地址：東莞市虎門鎮太沙路則徐段 156 號
電話：002-86-0769-82709988

虎門鎮速 8 酒店

地址：東莞市虎門鎮虎門大道 50 號
電話：002-86-40018-400188

速 8 酒店在大陸已有上百家分店，在東莞只有虎門一家分店，位於太沙路與虎門大道交叉口。它來自美國速 8 國際有限公司（SUPER 8 WORLDWIDE, INC.），是全球知名的溫德姆酒店管理集團（WYNDHAM）旗下品牌之一。

深圳住宿推薦

到深圳批貨的話，因為批貨區集中在羅湖的東門步行區內，因此還是住在羅湖區比較方便。

要在大陸住貴的酒店絕不是問題，而是我們這些台灣批貨客捨不得住。像是羅湖火車站旁的 5 星級香格里拉酒店，格調絕對和台北的豪華酒店不相上下，一晚房價最便宜是人民幣 799 元。說實在的，也不過就是 3 千多台幣，貴一點的就是 5 千多吧。但還是老話一句，去批貨有必要住這麼貴的酒店嗎？因此，我還是介紹平價連鎖酒店給想去深圳批貨的人吧。

住宿的話，我覺得要嘛就直接住到東門附近，要嘛就住在羅湖火車站附近，當然也可以住到華強北。從華強北的「華強路站」搭 3 站到「老街站」下車，再走路到東門步行區也是另一種選擇。

深圳和廣州差不多，因為都是大都市，平價連鎖商務酒店較多，有 7 天、如家，3 星級酒店就更多了。因此，如果打算住連鎖商務酒店，那就選擇離東門較近的分店，批貨會更方便。

深圳火車站對面的香格里拉酒店，房價不便宜

【深圳 7 天華強店】

深圳 7 天連鎖酒店華強店位在深圳福田區華強北交通便利地段，地址是深圳市福田區華強南賽格苑 1 號樓。它和有名的賽格廣場只隔著深南路，走路只要 5 分鐘就可到茂業百貨、銅鑼灣購物廣場、女人世界，地鐵華強路站就在旁邊。大床房門市價為人民幣 188 元。

7 天連鎖酒店房景

為提升服務品質和競爭力，現在大陸大多數的平價連鎖商務酒店都有提供寬頻服務，對有帶筆記型電腦的批貨客很方便。但如果是一些單店式的連鎖酒店則不一定會提供，如果去廣東批貨有上網需求的話，最好先上網查清楚再預訂。

【7 天連鎖酒店深圳東門店】

深圳 7 天連鎖酒店東門店位在東門的羅湖桂園路果園東 8 號，距離地鐵老街站和東門步行區約 500 公尺，走路約 10 分鐘可達，也算是近的了。大床房門市價為人民幣 200 元。

【7 天連鎖酒店深圳福華路店】

深圳 7 天連鎖酒店福華路店位於深圳華強北商業圈旁，距離地鐵華強路站約 10 分鐘步行距離，附近有華強北電子世界、賽格廣場、福田服裝市場，還有美國的沃爾瑪（WalMart）深圳店也在附近。大床房門市價為人民幣 188 元。

這幾家 7 天連鎖酒店深圳分店的房價都不算高，如果有會員卡的話，房價還可以再壓低到 167 元左右。因此如果有入住 7 天的話，記得一定跟櫃檯申辦會員卡，下次就可享受會員價優惠。

7 天深圳連鎖酒店國貿二店

地址：深圳市羅湖區深南東路 3041 號（深南東路與人民南路交叉口）
電話：002-86-0755- 22249088

7 天深圳東門步行街店

地址：深圳市羅湖區東門茂業百貨北側立新路羅湖商業大廈（博雅 6 樓）
電話：002-86-0755-82217288

7 天深圳華強店

地址：深圳市福田區華強南賽格苑 1 號樓
電話：002-86-0755-8364-8988

7 天深圳福華路店

地址：深圳市福田區福華路 198 號
電話：002-86-0755-8281-3588

【如家快捷深圳東門店】

如家深圳東門店位於東門商圈，距離火車站 1.5 公里，同樣也有免費寬頻、有線電視，在酒店樓下有自助餐廳，提供旅客中西式早餐，不過一餐要付人民幣 10 元，如果覺得還要出去找吃的不是很方便的話，也可以在酒店內吃早餐。不過，酒店並不提供午、晚餐。

【如家快捷深圳國貿店】

除了深圳東門店，如家深圳國貿店也是離地鐵站及東門步行區較近的分店，大概只要 10 分鐘就可以走到羅湖火車站，也是離羅湖關交通較方便的一家分店。不過它就像不少平價連鎖酒店一樣，不太可能占據地租最貴的 1 樓，它的接待大廳是在 5 樓，要從大樓的側面進去，台灣人大概會覺得很怪，因為下面什麼樣的店都有（有餐廳、其他家旅館），而且也不是 5 樓以上的所有樓層都是如家國貿店，它只占了一半樓層，所以你還會看到同樓層還有小公司，情況就跟已經被 7 天納入的七斗星酒店一樣，習慣就好。

如家快捷深圳東門店

地址：深圳市羅湖區文錦中路 2028 號
電話：002-86-755-2542-6878

如家快捷深圳國貿店

地址：深圳市羅湖區人民南路 2011 號聯華大樓右側（地鐵國貿站 A 出口）
電話：002-86-0755-33987777

【城市客棧會展中心店】

除了全國性的連鎖酒店之外，本地品牌的經濟型酒店也想跳入市場分一杯羹，例如「粵海之星」、「城市客棧」，希望從經濟型酒店中再切出一塊「高貴不貴」的利基市場，像「城市客棧」提供「客房＋早餐＋咖啡」的服務，以補足很多經濟型酒店只提供住宿，卻沒有提供簡單早餐和咖啡的服務。

城市客棧（CityInn）是知名的華僑城國際酒店在經營高級酒店之外，所開發的經濟型主題精品酒店品牌。內部陳設清爽高雅，定位比 7 天、如家等酒店要來得高，但又比 4 星級酒店價格低廉些，大約在人民幣 300 元以下，同等級客房比 7 天貴大約 50 ～ 60 元。所以就看自己的選擇。

城市客棧會展中心店位於深圳地鐵「羅寶線」的崗廈站附近，從崗廈站出來後往南走很快就可看到。這裡的客房提供免費上網，也可以國內國際直撥電話（當然要付費），酒店還有自助洗衣房，是 7 天這類經濟酒店所沒有的設備，對外出一週的商務客尤其重要。

城市客棧會展中心店距離深圳批貨商圈的東門步行區老街站，搭地鐵只要 4 站，也算是方便。如果願意多花點錢住好一點，可以嘗試到城市客棧住住看。

城市客棧會展中心店

地址：深圳市福田區彩田南路 2038 號海天大廈
電話：86-755-8346 0888

【粵海之星華海店】

粵海之星是由粵海國際酒店管理集團經營管理，算是一家新營運沒幾年的經濟型連鎖酒店。由於是商務型酒店，酒店商務中心提供代辦機票、影印、傳真、旅遊諮詢、租車等服務，當然也包括 WIFI 無線上網。

華海店位於深圳地鐵「羅寶線」的華強路站附近，距離不到 300 公尺。從華強路站的 C 出口出來往西走，就會遇到福虹路，順著福虹路往南走約 250 公尺右轉進福華路就到了，步行約 10 分鐘。

華海店其實就在深圳另一個鬧區──福田區，也就是華強北商圈南側，往北過深南大道就是華強北商圈了，像是茂業百貨、銅鑼灣百貨、女人世界等也只要步行 10 分鐘。客房布置很不錯，單人房比 7 天酒店要大一點，而且乾淨清爽，單人房房價也在人民幣 180 元上下。

粵海之星華海店

地址：深圳市福田區福華路 80 號
電話：400-666-7722

7

人民幣兌換篇

想去廣東批貨，再怎麼麻煩也要兌換人民幣。

這裡介紹幾種把新台幣兌換成人民幣的安全方法。

新台幣兌換人民幣常用的 4 種方法

兌換人民幣應謹守安全原則

方法 1

新台幣 ☛ 人民幣

不過幾年前，台灣還無法合法兌換人民幣，當時去廣東批貨，檔口是不收信用卡的，所以要找管道把台幣換成人民幣。現在政府已全面開放兌換人民幣，除非對合法管道兌換到的人民幣匯率不滿意，一定要去找一些奇怪的管道，否則在台灣換人民幣已經是很方便了。

到 2012 年為止，中央銀行核准台灣銀行、土地銀行、元大、兆豐、彰化、第一、華南、合作金庫、中國信託、國泰世華、台灣中小企業、上海、台北富邦和金門縣信用合作社等 14 家金融機構，可辦理人民幣現鈔買賣業務。算起來，全台總計 1,240 家分行，可辦理新台幣兌換人民幣的業務，只要帶身分證就可現場結匯。不過每人限額 2 萬元，但有的銀行只可台幣換人民幣，不能人民幣換回台幣。因此，如果批貨回來想把人民幣換回新台幣的話，最好先打電話跟銀行確認一下。

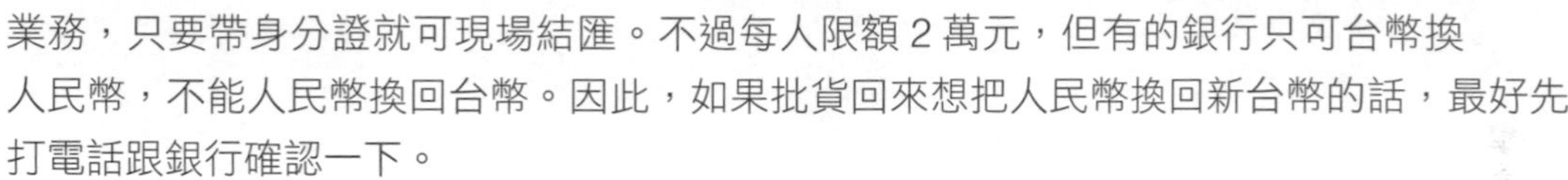

台灣可兌換人民幣的銀行

台灣銀行	土地銀行
元大銀行	兆豐銀行
彰化銀行	第一銀行
華南銀行	合作金庫
中國信託	國泰世華
台灣中小企銀	上海銀行
台北富邦	金門縣信用合作社

方法 2

新台幣 ☛ 提款卡 ☛ 人民幣

批貨要用現金，所以最擔心的是帶去的人民幣現金不夠用，又臨時找不到人借錢，這時還有一個辦法可以補救，那就是帶提款卡去批貨。

提款卡的好處是不用帶大把的現金出國，到國外一樣有錢花。只要帳戶裡面有錢就可領錢，既不用擔心錢不夠用，也不用擔心帶太多人民幣現金被偷。

要看提款卡是否能在海外提領現金，首先要檢查你的提款卡是不是晶片卡，再來就是看

如果提款卡有海外提領功能，就可以在廣東的銀行提領人民幣

廣東各銀行的 ATM 前排滿提款人群

看提款卡背面是不是有「PLUS」或「CIRRUS」這兩種字樣。如果有，就表示你的提款卡可以在全球各國的當地銀行直接提領當地貨幣。最後，你還得先「啟動」提款卡的海外提款功能，簡單來說，就是你必須先在台灣設定提款卡的國外提領密碼。

至於 ATM 跨國提款的手續費有兩筆：通常你在廣東當地銀行 ATM 提領現金時，每提領一次，台灣的存款銀行會向你收取一筆手續費（不論提款金額多少，手續費都一樣）；還有一個是國外交易清算手續費率，銀行會向你收取提領金額的 1.55% 費用。這兩筆費用可能會因不同銀行而有差異，以中國信託來說，你在廣東提領新台幣 1 萬元，銀行會向你收取新台幣 70 元的手續費。此外，銀行還會向你收取新台幣 155 元（10,000×1.55％＝ 155）的費用，加上 70 元的手續費，合計提領新台幣 1 萬元，你要繳交新台幣 225 元的手續費，也就是你的戶頭將會減少新台幣 10,225 元。

還有一件事要注意，在大陸銀行 ATM 提款，一次最高提領金額是人民幣 2,500 元，差不多就是新台幣 10,500 元。

一般我們去申領提款卡時，都會在拿到卡後的第一時間去銀行的 ATM（自動提款機）變更密碼，不過我們那次變更的只是在台灣地區提款的密碼，所以記得在出發前，最好提早到你存款銀行的 ATM 設定海外提款密碼。

實際操作，就是從「其他服務」進去，再進入「變更密碼」的項目，就能設定海外的提款密碼了。

記得，設定海外提款密碼一定要去本行（你的存款銀行）的 ATM 才能執行，在其他銀行的 ATM 無法進行跨行的密碼設定。

方法 3

在大陸開戶 ☛ 人民幣

如果你定期去廣東批貨，其實可以在深圳或廣州找家銀行開個戶頭，這樣以後只要從台灣匯款到大陸戶頭，就能在大陸的銀行戶頭提款。

在大陸任何城市的銀行開戶非常簡單，做法跟在台灣開戶沒有太大差別。我自己是在中國銀行開的戶，當然你也可以在建設銀行、工商銀行、交通銀行、農業銀行等主要銀行開戶，記得要準備好台胞證。中國銀行開戶最低金額只有人民幣 100 元，開戶後當場就可以拿到金融卡，方便在各地提款。

方法 4

新台幣 ☛ 旅行支票 ☛ 人民幣

有時金融卡在大陸會有提不出錢的問題（即使你事先該做的事情都做了），特別是小分行的 ATM，這時旅行支票就是比較方便又簡單的方法，因為大陸絕大多數的銀行都受理兌換旅行支票。

旅行支票的好處在於安全性，支票背後有兩個簽名欄，必須兩個簽名都一致時，銀行才會兌換現金。因此一拿到美金旅行支票後，要立刻在第一欄簽上自己的名字，等到要兌換時，再在另一欄簽名，這樣一來，即使遺失或被偷，還是可以申請補發。如果事先在兩個簽名欄都簽名或沒簽名，這張旅行支票等於完全沒有設防了，任何人撿到都可拿到銀行兌換現金。

因此，如果是把新台幣換成美金旅行支票的話，記得要把旅行支票、購買證明及使用説明分開保管。如果在外地發現遺失了，就按説明書打電話掛失，並向銀行出示購買證明，經過審查也確定沒有被人冒用，銀行就會賠償損失。

另外，美金旅行支票有各種面額，如果是 100 美元的旅行支票，約等於 620 元人民幣，一次換個兩張就夠用幾天了。美金旅行支票在內地的銀行或有掛匯率牌價的酒店都可兑換，風險比起帶美金現鈔要低得多了。

兩岸匯兌 step by step

最後我要介紹一下兩岸匯兌。兩岸匯兌的操作方式簡單說明如下：在台灣，把錢匯進台灣從事兩岸匯兌業者指定的台灣帳戶，匯款完成後把匯款收據傳真給他們，並說好用什麼樣的證件到對岸領錢。接著人到廣東後，到他們在廣東的分公司或合作業者，出示證件後，就可以直接拿到人民幣現金。有些業者還可以匯到你指定的帳戶。

通常只要是在大陸開工廠的台商因為需要支付工人的工資，一定都會在當地銀行開戶，所以有些台商也有可能是這些兩岸匯兌業者的合作夥伴。

利用貨運行

另外，貨運行也會是另一種兩岸匯兌的管道。因為他們在兩岸都會有辦公室，所以你只要匯款到貨運行在台北的帳戶，等你到了廣東後，再去他們在廣東的辦公室出示證件就可領錢了。相較於用提款卡在大陸的銀行 ATM 提款需要多付新台幣一兩百元手續費，透過這種兩岸匯兌方式，我們所要支付的手續費相當於國內的轉帳費用，也就是區區新台幣 17 元而已！

這種方法雖然是大多數台商最常用的匯款方式，不過風險就在於能不能找到足以信賴的兩岸匯兌業者。而且通常必須透過有關係的人介紹，才有可能以如此優惠的方式兌換人民幣。因此要匯兌前最好先問清楚，對方要不要收取額外的手續費用。

還有，即使利用這種方式把錢匯到大陸去，事前還是要先問清楚匯率怎麼算，是以哪天的匯率為準，免得到時候雙方為此起爭執。

廣州服飾批貨篇

到廣州批服飾，有件事必須先了解，那就是廣州不只是世界的服飾批發商場，也供應全中國的內需市場。因此除了沿海省市之外，內陸的二三線城市、鄉鎮、農村的個體戶，也是廣州批發商場的常客。由於內地的消費流行和台灣有很大的差別，批貨客可自行選擇適合自己的批發商場。

廣州大型的服飾批發商場

廣東的服飾產業發展得最早，這跟它的地理位置有很大的關係，廣東一向是全中國各地領先起跑的一省，畢竟天高皇帝遠，任何政策到了廣東都有各種應變之道。廣州的服飾產業都集中在珠江三角洲區域內，而廣州市為嶺南第一大城，自然在交通、貨運物流、金融流通及會展服務上也發展得較完整，而這些配套服務正是廣州各類批發市場市場能夠蓬勃發展的主因。

早期廣州批發市場主要服務來自各省的客戶，隨著改革開放，過去以內銷為主、外銷為輔的批發產業逐漸發生巨大的變化。近 10 年來，來自世界各地的批發商客數量急遽增加，除了東南亞各國外，連俄羅斯、東歐、南歐以及非洲的商客都不遠千里而來，廣州服飾批發市場自然也不例外。雖然這幾年歐美國家陸續爆發次貸、歐債等經濟危機，過去主要外銷市場也跟著萎縮，但廣州還是歐洲、中東、中南美、非洲批貨客的首選。

這幾年，廣州的服裝批發商場比以前更多，其中又以廣州火車站附近的站南路、站前路、站西路，以及海珠廣場附近的十三行路新中國服裝城和沙河商圈的廣東益民服裝城是主要的服裝批發商圈；另外還有一些大型服飾批發商場，由於地理位置沒有被納入這兩大商圈，但我認為也值得去逛逛。

通常台灣批貨客到廣州都會先跑站南路、站前路、站西路，再跑十三行路的新中國服裝城，但我的建議是：與其去十三行，倒不如先去沙河的廣東益民服裝城看看。雖然益民一向給人「價格低、品質也低」的印象，但我看了之後，感覺並沒有到這麼不能接受的地步。只有做生意的人親自去看了才知道產品適不適合，別人說的都不準。

廣州服飾批發商場與地鐵交通

一號線
二號線

三元里站
廣州火車站
越秀公園站
紀念堂站
公園前站
海珠廣場站
市二宮站
江南西站

陳家祠站
西門口站
農耕所站
烈士陵園站
長壽路站
黃沙站
芳村站

站前路
流花湖

白馬服裝批發商場、天馬服裝批發商場、站西路鐘錶區、站西路外貿服裝區、歐陸鞋業城、步雲天地、廣州國際鞋業廣場、西城鞋業廣場等

流花商圈

流花商圈是廣州歷史悠久的商業中心。它的範圍包括站西路、站前路、站南路和環市西路所圍成的商圈。通常一個城市的火車站或長途巴士站都是商業發展最早的商圈。

流花商圈內就有廣州火車站、省汽車客運站和流花車站，這裡可說是廣州人潮非常集中的地區，到處都可以看到批完貨後，提著大包小包行李，或是拖著推車準備回老家的商客或個體戶。

廣州流花商圈是以流花車站為中心放射出

如果想到站西路或站南路批貨，可搭到廣州火車站下車

流花商圈有哪些商場？

金寶外貿服裝城

精都休閒服飾商場

凱榮都服裝批發

金象服裝批發中心

站西服飾批發城

站西路

省客運站

站南路

廣州火車站

環市西路

天馬服裝市場

白馬服裝市場

富儷外貿時裝城

流花服裝批發市場

站前路

步步高毛織廣場

新大地服裝城

明珠外貿服裝

錦都男裝批發市場

人民北路

解放北路

流花路

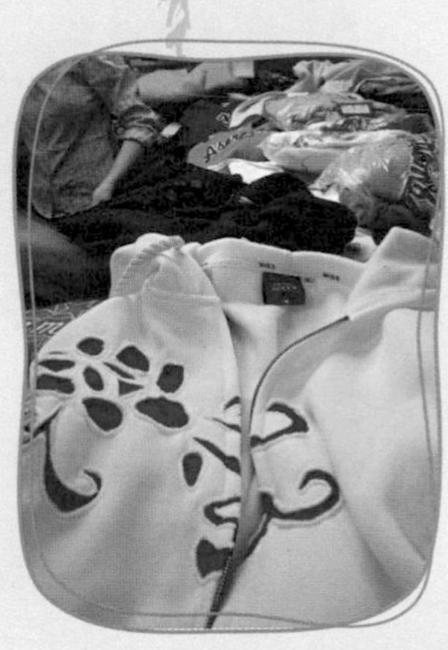

站西路外貿商場有不少名牌運動休閒服

站西路外貿商場難得一見的內褲專賣店

站西路外貿商場內常見的內地批貨姑娘

站西路外貿商場檔口外也堆放著代運商品

流花服裝商圈內有十幾個大型服裝批發商場，包括最老牌的白馬商貿大廈、天馬服裝批發市場、壹馬服裝批發廣場、紅棉國際時裝城、流花服裝批發市場、新大地服裝批發城、站西服裝批發城、金象服裝批發中心、凱榮都服裝批發中心、金寶時裝批發城、步步高毛織廣場、錦都男裝批發市場、精都休閒服飾商貿大廈等。

站西路外貿服裝商城區

流花服飾批發商場中，很多台灣批貨客第一個跑的都是白馬、天馬這些商城。我倒是認為位於廣州省汽車客運站後面，與站南路交叉的站西路外貿服裝商城區，是值得台灣批貨客去看看的地方。

和台灣過去外銷成衣產業的發展路徑有點像，早期都是工廠打下來有瑕疵的外銷服裝。站西路外貿服裝商城區現在已經完全不是那種格局，在這裡看到的大都是外銷歐美的時尚服飾。就我知道，有不少台灣服裝店經營者就很喜歡跑站西路挖寶。

廣州市省汽車站後面就是站西路

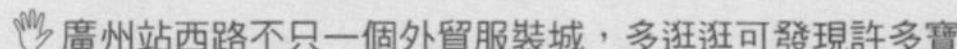
廣州站西路不只一個外貿服裝城，多逛逛可發現許多寶

站西路外貿服裝商城區的服飾批發商場包括：〔金象服裝批發中心〕、〔凱榮都服裝批發中心〕、〔錦都男裝批發市場〕、〔金寶時裝批發城〕、〔站西服裝批發城〕等。

如果從廣州火車站過來轉站南路，走到底後再左轉站西路，會先看到金象服裝批發中心，接著就是凱榮都服裝批發中心，然後金寶時裝批發城與站西服裝批發城在右手邊的廣場內，最後過馬路才是錦都男裝批發市場。一路走下來，等於把當月最新流行的外銷服飾都掃過一遍。

站西路凱榮都服裝批發中心的服飾檔次不錯

站西路外貿商場中，童裝算是少數民族

小小外貿檔口擠滿批貨人潮，牆壁明白寫著本店不零售

廣州的服裝廠「複製」服飾的能力很強，靠的就是大量的服裝設計師和打版師，打下 OEM 的技術能量，而且還有不少廠商開始朝 ODM 發展。

靠著大量複製、修改、設計服裝的能力，才能吸引中南美、歐洲、非洲、西亞、日本、南韓的客戶前來下單。而這些服裝廠在各個服飾批發商場都會有檔口，因此到了站西路的外貿服裝商城區時，記得要多花些時間逛逛。

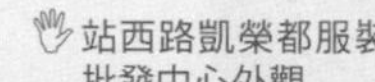
站西路凱榮都服裝批發中心外觀

金象服裝批發中心

如果以金象服裝批發中心和凱榮都服裝批發中心做比較，坦白說我比較喜歡後者的服裝。因為凱榮都在裝潢和服裝的檔次上感覺比較高些，不管是男裝或女裝，在檔口展示的都是很符合台灣流行風格的服飾。由於我去考察的時間是秋天，在凱榮都就看到很多設計精緻的外套或短大衣。

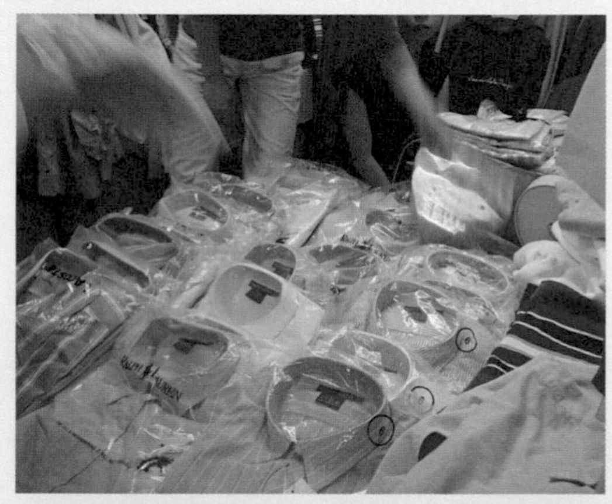

當然因為很多北方的服飾個體戶會南下廣州批貨，他們看的貨自然也比較偏向北方寒冷氣候所需，這倒是台灣的批貨客需要注意的，在挑秋冬服飾的時候，要注意是否適合台灣氣候。

至於金象在檔口規畫上還是和其他服飾批發商場一樣；不過金象也是有很多流行服飾可供挑選，每個人對服裝的眼光和銷售主力各不相同。因此只有自己看才算數，別人說的都僅供參考。

廣州站西路的金象服裝批發中心

白馬服裝市場

廣州白馬服裝市場入口

白馬商貿大廈是廣州規模最大的服飾批發商場，一般人都叫它白馬服裝市場。(在網路上查廣州火車站的批貨商場資料時，會查到一個叫「西郊商場」的地方，但似乎怎樣找都找不到，其實它就在白馬商貿大廈的地下樓層，通常批貨的人比較少往地下層走，有空時可以去看看。)

白馬商貿大廈位在廣州火車站旁的站南路上，它的 1 ～ 4 樓是服飾檔口，5 ～ 9 樓則是服飾公司的寫字樓。由於地利之便，白馬商貿大廈從開幕以來，一直是廣東及其他省市服裝店，或個體戶批貨的重點商場。

白馬商貿大廈的檔口數高達 2,000 多家，而且這裡檔口的營業項目幾乎囊括了男女裝的套裝、晚裝、休閒裝、襯衫、外套、大衣、內衣等各類服飾，當然這對批貨客來說需要花較多的時間瀏覽。

過去白馬給人「大，但檔次不高」的感覺，但現在幾乎變了個樣，整個就像提升了一個等級的購物商城。例如，在商場入口大廳規畫了明亮便利的服務台，我看到至少有 4 位服務人員在櫃檯待命，一樓還有銀行進駐，批貨客有急需時很快就能提領現金，很有一條龍的批貨服務概念。

天馬國際時裝批發中心

天馬時裝批發中心位在站南路與環市西路的交叉口，緊鄰著白馬商貿大廈，兩棟大樓合成了廣州火車站旁流花商圈中最大的服飾批發市場，到了站南路，很難會錯過這兩棟大樓。天馬的改變也很大，根據商場公告，它在 2011 年 4 月和首爾東大門品牌進行結盟。不過，感覺不是引進東大門的檔口，而是引進了東大門的經營模式。

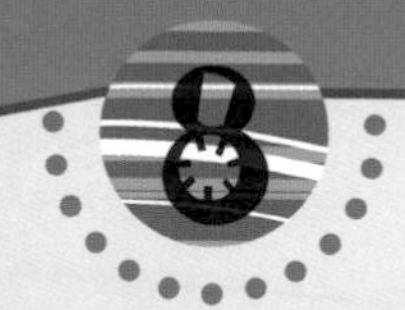

就交通的便利性來看，天馬時裝批發中心也非常便利，因為它是流花商圈中，唯一會有地鐵站出口的服飾批發商場。未來只要搭地鐵二號線到廣州火車站下車，再沿著一條地下通道就可通達天馬時裝批發中心的地下一樓。這樣的規畫可預期帶來大量人潮，可見交通便利會讓天馬和白馬兩座緊鄰的服飾批發商場吸引更多人。

天馬時裝批發中心是一棟高 10 層的商業大樓，總面積達一萬多坪，總共 1,000 家服飾檔口，這裡以中檔次的服飾為主，包括男女時裝、上班族套裝、皮衣等都是。

不過，為了和白馬有所區隔，天馬進行這個行業還沒有人做的事，那就是導入 ISO 9000 的認證，這也使得天馬成為廣州第一家得到 ISO 認證的服裝批發商場。2006 年底，正式更名為廣州天馬國際時裝批發中心，現在的天馬已經和過去的天馬不太一樣了，內部裝潢風格要較過去高檔許多，而且主要是以南韓、台灣服飾及中高檔男裝為主。

如果你是從流花車站的地鐵出口走到天馬，會先看到一樓有個入口，上面掛著大大的「天馬女人街，富一樓」LED 告示燈（大陸不說「地下一樓」，而是說「負一層」，但為了招財，都改用「富一層」或「富一樓」），從這裡進去，感覺好像進入兩排都是攤位的夜市，走道約有 3 公尺寬，但還是覺得人滿為患。天馬女人街基本上都是最流行時尚的商品，比如時尚的夾腳拖、皮件、服裝、鞋子、飾品、皮帶、帽子，甚至連閃亮亮的手機套都有，但我認為它比較是零售的地方，不適合批貨。

天馬服裝批發中心

廣州的童裝批發都集中在中山八路上，現在天馬也切入童裝市場。天馬的童裝商城就在二樓，前面是女裝批發，只要往後走就可看到童裝批發的檔口，檔口數目很多。

另外，天馬的 1 ～ 3 樓還有很多檔口批發日、韓飾品，主要是聽說有很多是工廠流出來的貨尾，因此廣州當地哈韓哈日青少年也常常去天馬買些流行服裝或飾品。

如果說批貨的時間有限，硬要在白馬和天馬兩家商場二擇一的話，我會建議去天馬看看。因為香港的中價女裝服飾店家如果要批貨的話，主要會跑長沙灣香工批發中心，但如果要到內地進貨的話，會選擇到天馬，可見天馬在廣州服飾批發市場中還算滿有名氣。

還有，如果在這些商場找到喜歡的檔口，記得跟他們拿名片，因為商場每天都聚集很多人潮，也是累積批發客源較快的地方，但由於檔口租金普遍不低，加上現在競爭激烈，生意越來越難做，所以一些廠商一旦累積到一定的客戶，多半會選擇在附近的寫字樓租個辦公室；如果你沒留下檔口的聯絡電話，也許幾個月後再去批貨時，就找不到他們了。

大變身之後的紅棉國際時裝城

紅棉國際商城

歷史悠久的流花商圈，除了聚集站南路的白馬、天馬、廣控大廈、流花服裝、站前路的步步高、新大地、明珠、錦都、廣州服裝、金馬皮革等十多家大型批發市場之外，站前路上還有一家紅棉國際商城。這兩年，紅棉改變非常大，不但標榜引進韓國流行時尚品牌，整個內部裝潢也大幅改善，完全走首爾東大門風格，各樓層並有詳細的分層規畫，從品牌女裝、韓國流行女裝、鞋包飾品到時尚男裝，商品繁複多樣，因此人潮洶湧。如果時間對了，還會遇到大減價時段。

很多人可能會以為紅棉的業務比較偏零售，其實它有很多檔口前面也堆著好多準備送到各地的大包裹，生意很不錯，建議你一定要去看看。

此外，站前路上的步步高皮具商城，雖說是皮具商城，可是皮具不多，還是服裝比較多。站南路上還有一家壹馬，這幾年雖然也跟著潮流改變，但還是給人一種典型傳統批發商場的感覺，檔口設計也維持在傳統樣式。如果時間有限，可先跳過。

十三行路商圈

離海珠廣場不遠的十三行新中國服裝城，是廣州低價服裝的批發重點。現在的十三行路已形成以故衣街、十三行豆欄上街、和平東路服裝商場環繞的服裝批發物流商圈，目前是廣州市最重要的服裝批發集散地和物流中心之一。只是知道或去過的台灣人並不多，這裡每天進出貨上千噸，也是廣州歷史最久的服裝批發集散地。

新中國服裝城

不像其他商圈多少在假日會有消費者跑去買東西，十三行路做的都是服飾批發的生意。因此短短 500 公尺的十三行路服飾批發市場每天都熱鬧滾滾，到處都是穿著「新中國」背心的搬運工上下運貨。

十三行路服飾批發商圈以女裝為主，其中大型的服飾批發商場以〔新中國服裝城〕和〔紅遍天〕為主，新中國已經成立7、8年，而紅遍天則只有1、2年的歷史。

說實在的，十三行服飾商圈的火爆程度絕不比流花商圈遜色，不僅商場內擠滿了人潮，光是從一樓大廳到處都是在整理戰

如果你只知道電影黃飛鴻中的十三姨，我是不會怪你啦，不過廣州十三行卻是廣州自古以來對外貿易的重要口岸。從地圖上就可看出，十三行就在珠江邊。在清朝時，外國前來朝貢，從南海航行到中國後，第一站就是到廣州，而到廣州從十三行上岸後，進貢的貢品走陸路北上。至於同船而來的各種商品則就地販售，然後再帶著廣州採買的商品揚帆回國。廣州十三行自清朝初年的對外貿易傳奇史，就此展開了。

由於對外貿易日益興盛，在現在的文化公園一帶，還興建了許多商館，出租給外商居住，也就形成了「十三夷館」，直到現在還是可以在十三行地區看到少數老商行建築。

利品的個體戶，以及外頭一大袋一大袋打包好，準備運往各地的包裹，連綿長達好幾十公尺，就可知道十三行服飾批發市場確實是海內外批貨客喜歡去的批發商場。

十三行新中國服裝城的一樓除了服飾外，還有一些檔口是賣飾品的，不過產品風格和西郊大廈有些不同，我不能斷言它的檔次一定比西郊大廈或泰康城廣場高或低，因為這完全靠個人的批貨眼光來決定。

依我個人的看法，十三行的女裝服飾批發價格較低，而服飾種類樣式很多，但我覺得每個人做生意的方法不一樣，服飾的風格、品味的高低也完全看客層和個人的眼光。要注意的是，想在十三行找中高檔的服裝，就不要在新中國服裝城 1 到 3 樓逛，直接到 4 樓以上，因為很多白馬的檔口也是到十三行的新中國服裝城進貨的。

由於十三行路的新中國和紅遍天附近並沒有地鐵站，搭地鐵的話是沒辦法直接到達。距離十三行較近的地鐵站是一號線的長壽路站和二號線的海珠廣場站，這兩個站距離十三行路都約為 1.5 公里，打的（搭計程車）的話，應該是 10 ～ 15 元人民幣就可到達。如果是兩人同行，每人平均分攤不超過 8 元人民幣，也就是新台幣不到 35 元，算是可接受的價格。

沙河商圈

許多台灣批貨客會跑廣州火車站、十三行批貨，但不是沒聽過沙河，就是聽説它的檔次很低，所以不想跑。但我自己跑了沙河之後，覺得一定要介紹這個廣州特大號的批發商場。

沙河服裝商圈的歷史比十三行還要久，也是大陸批發商場的龍頭之一，有人用「沙裡淘金」來形容沙河服裝商圈，原因是大家都認為沙河商圈都是地攤貨，但在沙河各種款式、檔次的服裝都有，就看你怎樣挑貨，怎樣找到利潤高的商品。在沙河各種仿版的服裝肯定多，不過價格也真的夠低，這時候需要有精準的眼光。

沙河商圈位於廣園西路的濂泉路上，離火車站有好幾公里遠，光看地圖會覺得有點遠。我猜地點較偏僻是台灣批貨客另一個不想跑的原因，但其實只要知道如何到達，就一點也不會覺得它特別遠了。

從廣州火車站到沙河商圈，其實很簡單。首先搭地鐵二號線到廣州火車站下車，走「出口 A」可以到公共汽車站（順著「出口 A」走會看到麥當勞，接著左轉走出地鐵站，一出地鐵站正前方就是廣州火車站廣場，再看一下周邊就可以看到公共汽車站了），接著就是搭 257 號公交車，這是從廣州火車站到沙河商圈最方便的交通工具，而且只要 6 或 7 站就能到達沙河商圈的濂泉路站，中間還會經過解放北路的梓元崗，也就是三元里的皮件批發商圈。

沙河商圈總共有 4 個較大的皮裝批發商場：新天地、國偉、益民及北城服裝網絡批發城。首先要説明一下，如果在網路上看到沙河有個「沙東有利」，其實指的就是北城服裝網絡批發城這棟商場大樓。

這四棟服裝批發商場中，只有新天地服裝城是在廣園東路這條主幹道上，其他的 3 個批發商場都要轉進濂泉路才看得到。

只要會搭配，在批發商場也可以挑到價廉物美、利潤高的商品

新天地服裝城

在濂泉路站下車後往回走約 50 公尺，在廣園東路上就可看到沙河商圈的第一家商場「新天地服裝城」。新天地有許多運動服檔口，其中包括許多中外足球隊的隊服，有英國、西班牙、義大利，以及大陸的足球隊服裝，反而較少流行或休閒服裝檔口。所以我覺得到沙河商圈，可先直接往濂泉路走，有空再回頭看看新天地服裝城。

沙河的新天地服裝城

不過新天地服裝城的地下一樓（負一層）是童裝批發，裡面有上百家的童裝檔口，價錢也低，比其他批發商場的童裝檔口要低人民幣 1 ～ 5 元，價差很可觀，但通常一款要拿 20 件，這就考驗個人的砍價功力了。

走進濂泉路，右手邊第一棟大樓就是國偉服裝城，是個四層樓建築，規模不是很大，我是覺得看看就好。然而如果想賣牛仔服裝，就一定要來沙河，因為沙河有非常多外銷出口的剪標尾貨和樣品衣，做工精細，品質很好，都是純棉或絲光棉布料，而且車工或釘珠鑲鑽、刺繡、蕾絲花邊等品質也都挺好的。

我跟廣州的服裝業者聊過，他們說，沙河其實是廣州服裝最大的集散地，很多站前路的白馬、天馬、站西路，或是十三行的檔口老闆都會去沙河淘貨，因為平均來說，沙河的商品比十三行要便宜人民幣 4 ～ 6 元。

沙河服裝批發的開市時間，可說是廣州所有的服裝批發市場最早的，大概在凌晨 3、4 點就開始，這個時間會去拿貨的大都是廣州其他服裝批發市場的老闆去批貨，批完貨後就要回去開店做生意了。運氣好的話 · 還可能碰到廠家在甩賣尾貨，價格非常便宜。

雖然沙河商圈的款式大體上比不上十三行，但還是可以找到好看的款式，只要眼光好，照樣能拿到利潤高的款式；而服裝銷售有所謂的「高低配」，或是促銷品，如果到沙河批

貨，倒是個不錯的方式。而且這也是內幕消息喔，一個在廣州上下九步行街開時裝店的老闆就是在沙河的檔口拿貨，他要求沙河檔口幫忙打領標、掛吊牌，生意一樣非常好。所以說批貨真的是看個人本事，即使到沙河也能批到有利潤的商品。

有大陸商家形容走進沙河商圈的濂泉路，就像走進貧民窟一樣，我覺得這個說法過於苛刻，應該說沙河商圈給人的第一印象像個露天傳統市場。這是因為濂泉路的兩側都是服裝攤商，我還看過整個攤商都是賣領帶、領巾和領結啾啾的，果然沙河商圈有著「什麼都有，什麼都賣，什麼都不奇怪」的氣勢呢。

廣東益民服裝城

該怎樣形容益民服裝城的規模呢？這樣說好了，我有次從虎門搭巴士回廣州，巴士走廣園東路高架橋到廣州火車站，經過益民服裝城時，它的 A 區從廣園東路開始，一直綿延到廣園中路的 E 區，絕對有 500 公尺長，即使益民服裝城都是 2 層樓建築，但如此龐大的批發商城還是令人咋舌。

廣東益民服裝城外觀

益民服裝城總共分成 A、B、C、D、E、F 六區，超過 2000 多個檔口，主要以男裝、女裝、牛仔裝為主。這是個長條型的批發商場，從濂泉路走進來，你會看到一個大大的停車場，旁邊是一棟弧形的兩層樓半的建築，上面嵌著「廣東益民服裝城」。這個弧形商場就是益民服裝城的 A 區，從 A 區進去就可以一路批貨到 E 區。

我覺得益民服裝城的牛仔裝很值得一看，不管男女的牛仔褲、牛仔裝，時尚感都很夠，價格也頗有競爭力，牛仔區並不輸站南路、站前路的批發商場。至於男裝方面，有休閒的，也有正式場合穿的男裝，而且從青少年一直到中壯年的男裝都有批發檔口，如果是做男裝生意的話，也可以來這裡看看。

廣州童裝商圈

品質很不錯的童裝檔口

廣州的兒童商品批發商圈位於中山八路上，有地鐵經過，廣州地鐵五號線上有一站叫「中山八」，顧名思義就是中山八路。一出地鐵站就能看到中山八路上有好多童裝批發商場，現在中山八路交通環境和配套設施逐步完成，交通比過去要好很多，逐步成長為華南地區最大兒童用品批發市場。

中山八路現在已經是華南專業的兒童商品批發商圈，各種中高低檔童裝幾乎都找得到；這裡也是華南規模最大的專營婦幼產品的批發市場，來這裡批貨的好處是品種齊全，款式應有盡有，而且新商品上市速度快。

富力兒童世界

富力兒童世界算是中山八路最大型的嬰童用品市場，商場共有地上三層及地下一層，除了童裝批發為主外，母嬰相關用品也非常多，批發零售都有，搭地鐵五號線在中山八站下車，從 B 出口出站後往中山七路的方向走，只要 5 分鐘就可走到。

富力兒童世界的配置如下：地下一樓是婦嬰用品專區，地上一樓是童裝名店城，二樓是童裝大世界，三樓是親子大世界。像嬰兒車、奶瓶等嬰童用品，都可在地下一樓批到，一樓是比較有品牌的童裝，二樓則是無品牌的童裝，批貨客可按需要選擇。

荔湖大廈

在富力兒童世界成立之前，中山八路最早的童裝母嬰商品批發市場是荔湖大廈。這棟大樓的下面幾樓是商場，上面樓層則是寫字樓（辦公室），荔湖大廈是兩棟大樓的 12 層雙子樓，中間有空中走道相連。空中走道外有紅底金字的「荔湖大廈」，所以不會錯過。

荔湖大廈的 1 到 3 樓是母嬰相關產品批發兼零售的檔口，4 樓以上是童裝設計、銷售一體的辦公室，產品不比富力兒童世界少，但一般批貨客還是逛 1 至 3 樓即可。

在中山八路的兒童商品批發商圈，也看得到專賣外貿尾單的商家。在中山八路的公交總站旁的新紅街上，還有一家「卓榮外貿兒童百貨批發城」，大剌剌標榜是外貿商品，它也和荔湖大廈一樣是由荔景樓 A 座和荔景樓 B 座組成，荔景樓 A 座的 1、2 樓是批發檔口，3 至 9 樓是寫字樓；荔景樓 B 座的 1 樓是批發檔口，2 樓以上是寫字樓。

廣州婚紗禮服商圈

婚紗一條街位於廣州市江南大道北，這裡也是廣東最大的婚紗專業交易中心，在 1980 年代改革開放以後逐漸成形，當時江南大道北聚居著一批華僑，他們在海外生活、工作很長一段時間，商業嗅覺特別靈敏，發現改革開放後的中國應該會逐漸接受中國之外的各種生活方式，包括西方的婚禮和婚紗禮服，於是就開始經營起前店後廠的小型婚紗工作室，同時賣起婚紗。

二十多年下來，江南大道北已經從西方婚紗產銷，逐漸延伸到旗袍、紅喜服（傳統婚禮

江南大道北的婚紗設計跟得上國際潮流

服）、花童服裝、頭飾用品、化妝用品、婚慶喜帖、相冊、相框、婚紗攝影等業務，所以沿著江南大道北走一遭，等於看遍廣州整個婚紗產業。

如果你以為江南大道是有著寬闊行人步道的林蔭大道，那你就錯了。江南大道算是老路，大道兩旁有很多兩、三層樓高的老房子，一直沒有改建，但低矮的房子、狹窄的步道，反而讓江南大道有著獨特的風情，沿著步道走，行人可以近距離接觸設計得美輪美奐的婚紗。

這裡的婚紗有高中低檔產品，不僅供應全中國各省市的婚紗業者，也供應來自海外的客戶。因此，不論你是哪裡人，這裡都有適合自己市場的產品。

據了解，江南大道北兩邊的店家大都是做批發生意的，雖然也有部分做零售，但還是以批發為主，通常材質、設計比較高檔的婚紗，價格都在人民幣 800 元以上，中檔材質設計的婚紗價格約在人民幣 400 ～ 800 元之間，至於材質、設計較低檔的則是在人民幣 250 元上下。此外，每年四、五、六月是大陸婚紗的淡季，這時去批貨通常能夠批到最超值的商品，七月後就進入旺季了。

有些歐美最新設計的婚紗，用的是高檔布料，胸前繡花是純手工製作，婚紗上使用的鑲鑽也都是施華洛世奇的水晶鑽。老闆說他們的婚紗主要銷往新加坡、歐美、中東等地，批發價不便宜，一件就要人民幣 1,300 元，但當地零售價可賣到 3,000 元以上。至於白色男士禮服也有韓版造型，設計比較活潑，貼近現在年輕人的品味，這類款式批發價約在人民幣 500 元，零售價格可到人民幣 1,200 元，主要是銷往東南亞和大陸其他各省。

頭飾用品的價格比較複雜，視不同材料、不同功夫及不同質地而定。該區域市場商家都是廠商，價格會受到淡季及婚慶黃金週期的影響，波動較大。

一度有傳聞説婚紗一條街將要被拆除，但根據廣東市政府的規畫，是打算大規模改造江南大道東側，新建以「婚慶文化」為主題的婚紗商業步行街。新的婚紗街將設有婚慶廣場、婚慶文化產業街，全面升級原有的婚紗一條街。

江南大道北婚紗一條街的交通非常方便，只要搭地鐵一號線在「市二宮」站下車，然後走 D 出口，一出地鐵站就是婚紗一條街了。

虎門服飾批貨篇

想批發衣服，我強烈建議一定要來虎門看看，因為現在歐美品牌服裝都是在虎門代工，而且日本服裝品牌和南韓很多服裝廠也都轉移到虎門設廠，像是首爾東大門很多服裝，就是在虎門生產的。所以，夠聰明的人乾脆直接到虎門挖寶。

日韓貨的挖寶天堂

可能很多人都不知道廣東的虎門在哪裡，特別是學校的地理課也都不教大陸地理了。不過批貨客應該要有的基本認識，那就是除了廣州之外，虎門是廣東另一個服飾批發的主要城市。

虎門的生活機能不錯，離酒店不遠處有各類餐廳

虎門屬於東莞市轄下的一個市鎮，距離很多台商開鞋廠的厚街不遠，搭計程車只要 20 分鐘即可抵達。離深圳和廣州較遠，從虎門搭巴士到深圳或廣州約需 1.5 小時。

虎門的另一個名字是太平，如果你從香港機場或珠海（從澳門進出廣東，珠海就是與澳門對口的城市）搭巴士到虎門，萬一在巴士站只看到太平的站名卻沒有虎門，別緊張，因為太平就是虎門。

在廣東也可批到各種年輕休閒服飾

東引河貫穿虎門市區，不過水色黝黑，也很臭

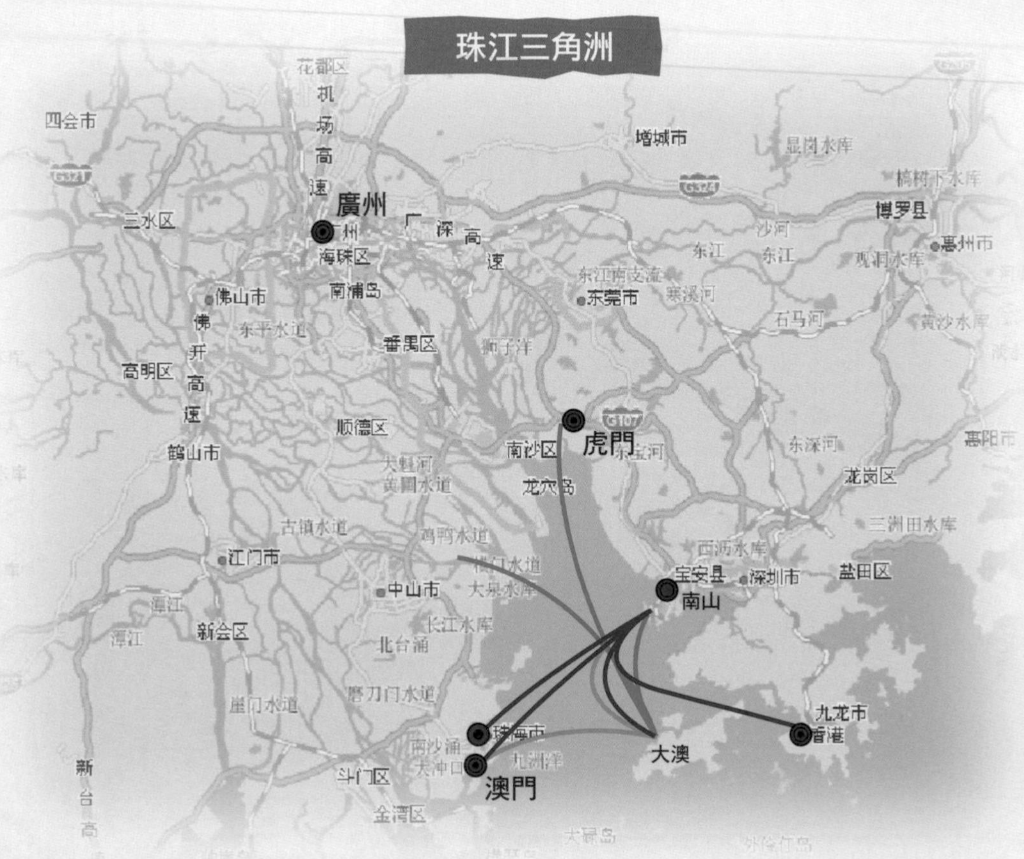

直至今日，虎門依舊是廣東非常重要的服飾批發城市，1980 年代，虎門的服裝廠商從 30 多家倍增到 60 多家。隨著越來越多人投入服飾產業，當時的虎門鎮政府決定建造一座大型的專業服裝商場，讓所有的商家集中在一起，以聚集能量。於是，就催生了服飾批發商中名氣第一高的富民商業大廈。

經過 20 多年的發展，虎門的服飾批發產業已經擴張到擁有 20 多個大型服裝批發商場了。

以服裝批發來說，我強烈建議一定要來虎門看看，因為現在歐美品牌服裝都在虎門代工，不少日本服裝品牌也不例外。還有一種服飾操作模式也很流行，那就是有些業者在日本或韓國買幾件樣本，然後就拿到虎門，請當地的工廠按版生產。

虎門服飾

據我了解，廣東的服裝設計師與打版員至少兩、三萬人，各工廠都有好幾位，長期的實務經驗，讓他們甚至能夠光憑日本流行雜誌的一兩張照片，就百分之百生產出來，高超的技藝真是令人嘆為觀止。

由於貨物都是相互流通的關係，廣州和深圳很多服飾其實都是從虎門流過去的，價格自然會因為過一手比虎門要貴些。而且南韓很多服裝廠也都

虎門街景

轉移到虎門開工廠，像是首爾東大門很多服裝，其實都是在虎門生產，所以夠聰明的人乾脆直接到虎門挖寶。

虎門的客運站一度在黃河服裝城的前方廣場，但幾年前虎門的對外巴士站已經遷移到大瑩東方國際服裝商貿城的側面出入口，叫做「永安客運站」。至於黃河服裝城周遭環境的改變也挺大的，旁邊蓋起了五星級酒店，前面廣場還多了一座噴水池。

虎門永安客運站的出入口在永安路上，這條路和銀龍南路交叉，搭巴士到永安客運站下車後，迎面就是永安路兩邊的童裝商場和檔口，樣式都很時尚。一走出客運站看到的是虎門美萊童裝批發城，一樓是童裝，二、三樓是童裝、童鞋及嬰兒用品批發，四到七樓則是寫字樓。想看童裝的批貨客可以先沿路看看，再到和黃河服裝城連在一起的大瑩東方國際四樓，以及銀龍北路的富民商業大廈斜對面的富民金輝童裝城去找童裝。

還有，在虎門銀龍北路上也有各種服裝業需要的模型、貨架等配套商品，例如男女人體模型等都買得到。

時裝展現場某家廠商的 showgirl

富民商業大廈

虎門大道是虎門很熱鬧的商業大街，轉進銀龍路後，再走約 5 分鐘就到了虎門商業區的核心——富民商業大廈了。

富民商業大廈可說是中國早期鄉鎮級城市所發展出第一個具有全國知名度的服飾批發商場。不過它的樓層占地面積並沒有很大，大約只有 4,000 坪左右，總建築樓面則有 1 萬 4 千坪。但重點是，它聚集了 1,300 家服飾檔口。

比起廣州益民服裝城或虎門大瑩女裝城、大瑩東方國際時裝商貿城，富民商業大廈都算是小一號的批發商城。不過占了「第一」之利，富民商業大廈的年平均客流量高達 500 萬人次以上，一天平均客流量也高達 1 萬 4 千人以上，每天從早上 9 點到下午 6 點，富民商業大廈幾乎沒有人少的時候，隨時都有一、兩千人在裡面挑貨。

第一次去富民商業大廈的人，可能會對潮水般的人潮印象深刻，不過以下的數字可能會讓你更驚訝於富民商業大廈的火爆。1993 年富民商業大廈落成並開始經營，當初一個檔口的押金價格是 3 萬人民幣，到 2003 年檔口的租賃轉讓費已經高達 600 萬人民幣！亞洲金融風暴和 SARS 都沒能成功打壓富民的檔口租金。

檔口內堆滿了準備貨運的服裝

另外，在龍泉商業廣場 3 樓有個 4 坪大檔口的老闆告訴我，像他這樣大小的檔口一個月的月租要 6、7 萬人民幣，相當於新台幣 24 到 28 萬元！不是只有少數幾個檔口都是這價錢。在虎門，幾乎好幾千家的服裝批發商場檔口的月租金都是這樣的價格！

富民商業大廈的中庭

覺得誇張嗎？一點也不，在這裡你找不到一個沒有營業的檔口。我問了一位從江蘇來的店家，他說他跑遍中國各地的批發商場，富民是他見過最具活力的商場。

這幾年越來越多地產商投入服裝商場的開發，企圖從這塊市場大餅中分一杯羹。相較之下，富民商業大廈的人潮是沒有金融海嘯之前那麼蓬勃，但畢竟還是虎門非常重要的批發商場。

富民商業大廈能夠有擁有這麼旺活的批發業務，重點之一是它的建築規畫，完全是以客商批貨所需的功能設計的。當初考慮到服飾業的散客多，而且每次批貨的貨運量大，因此讓貨物能夠方便快速的運出大廈，並由大廈廣場旁的貨運站送到各地，而不是堵在各樓層，就成為最重要的任務。

為了達成這個目的，設計師規畫出旋轉式緩坡通道，也就是整棟大樓採口字型設計。樓層通道不是水平，而是螺旋向上連結各樓層，因此只要繞著大廈，就能從 1 樓走到 5 樓，完全不需要走樓梯。由於樓層通道的坡度很緩，每 100 公尺只有 2 公尺的落差，走在通道上幾乎感受不到往上或往下走。這種設計方式，貨運員能夠拖著拖車直接從檔口把貨物拖運到一樓廣場，讓貨車載到指定地點，也不用擔心會不會阻礙交通。

大廈中間有中庭，除了電梯之外，中庭邊還設有幾座電扶梯連結各樓層。如果想從 5 樓往下逛，就可以先搭電扶梯上去，再順著檔口的主通道一層層往下逛。

富民商業大廈的服飾屬於中等檔次，1、2樓都是流行時尚女裝，3樓是輕熟女或OL服飾，4、5樓則是熟女服飾。

雖屬中等檔次，但我自己在富民從1樓逛到5樓後，覺得只要仔細挑，一樣可以挑到很不錯的服飾。在這裡，檔口沒有太多裝潢，所有服裝都是吊在牆壁上，有時候一不小心就會漏掉一件設計得很不錯的服裝。像我在一樓檔口就看到好幾件很有時尚感的外套，是我在東區沒看過的。更重要的是，我問了一下批貨價格，我記得沒錯的話是人民幣80元，這價格是滿有競爭力的。

虎門富民商業大廈檔口以中檔次服裝居多

檔口靚女通常都會穿著自家服飾

14年下來，富民商業大廈獨特的樓層設計與周邊配套服務，證明這種嶄新設計的成功，現在也有越來越多的批發商場也在複製富民的建築設計。

讓富民商業大廈成功的另一個原因，則是完整方便的金流與物流及相關配套設施。雖然台灣批貨客到廣東批貨大都是以現金方式交易（當然如果做熟了，也可以匯款方式交易），但大陸各地前來虎門批貨的買家，可以很方便地在富民附近的銀行提款或轉帳，也可以將批好的貨品直接送到旁邊的貨運中心，然後再送回老家去。

由於銀行、郵局、快遞貨運、客運及飯店餐飲業聚集在富民商業大廈四周，形成完整的批發服務。以富民為核心，拓展出一圈又一圈同心圓的虎門批發商圈。

牛仔裝很有名

過去很多人都説去廣東批牛仔褲，一條只要人民幣 10 元，我覺得這是 10 年前的批發價格，如果硬要拿著過時的價格資訊去批貨，你可能會很失望。

現在要批有點檔次的牛仔褲，批發價大概都要人民幣 35 元以上。這些服飾都有一定的製作水準，因此貨比三家，看看同樣質感設計的服飾，檔口開的批發價格有沒有差很多，就知道你有沒有被當呆胞削了。

富民商城有名的牛仔裝檔口

牛仔裝檔口靚女就是不肯抬頭讓我拍照

富民金輝童裝

逛完了富民商業大廈，如果還有力氣，可以去斜對面的富民金輝童裝城逛逛。兩棟商場中間有一條空中走道跨越銀龍路彼此連結，在這條空中走道裡也有檔口，可以順道逛逛。

虎門富民商場和富民童裝城以空中走道相連

富民金輝童裝城是虎門最大的童裝批發商場，1 樓是純童裝，2 樓則是童裝和皮件，3 樓則以皮件為主。不過規模比起富民商業大廈要小很多，總檔口數大約 300 家左右。不過如果想做童裝生意的話，建議可到富民金輝童裝城逛逛，畢竟專賣童裝批發的店在台灣已經很少了。

走道兩旁都是童裝

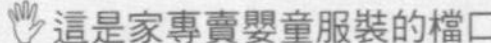

這是家專賣嬰童服裝的檔口

虎門有專賣童裝的富民童裝城

這家嬰童服裝檔口靚女說不能拍照，是喔，我還是拍了

黃河時裝城

黃河時裝城位於虎門大道和銀龍路的交叉口上，旁邊則是大瑩女裝批發城。從廣深高速高路下交流道進虎門，沿著虎門大道進虎門市，第一個看到的大型服裝批發商場就是黃河時裝城。

虎門黃河時裝城的另一個入口

虎門黃河時裝城以內地品牌為主。大約有 300 多家檔口。服裝種類為女裝、男裝、休閒服飾、牛仔服飾、兒童服飾，皮件、鞋類較少

黃河時裝城色彩鮮豔的男裝檔口

黃河時裝城在占地面積上，比起富民商業大廈還要大上一倍多，達 11,500 坪。它是一棟 9 層樓的專業商業大樓，其中 1 到 4 層樓是時裝批發中心，現在 1 樓大廳新增了飾品及珠寶專櫃。因為 8 樓是時裝品牌寫字樓和大型時裝表演中心，近幾年成為虎門國際服裝交易會的主會場。在每年 11 月會期，各種時裝發表會、走秀、研討會都在黃河時裝城舉行，也因此讓黃河時裝城很快便在業界打響名號。

黃河時裝城的服裝多半是品牌服飾，無品牌的服裝廠商相對較少。服裝種類為女裝、男裝、休閒服飾、牛仔服飾、兒童服飾，皮件、鞋類較少。不過黃河時裝城裡也有很多是沒有工廠的中、大盤，所以產品批發價格會貴一些。

黃河時裝城的一樓大廳設有珠寶專櫃，多了些零售味

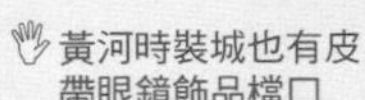
黃河時裝城也有皮帶眼鏡飾品檔口

品牌服飾大都在黃河時裝城的8樓設有寫字樓(即辦公室)，方便和有意成為經銷商的商家洽談簽約。沒打算代理品牌的台灣批貨客也是可以來這裡逛逛。這裡的服裝檔次不錯，男女裝都挺有質感的，可看看最新的服裝設計趨勢。

大瑩女裝批發城

大瑩女裝批發城和黃河時裝城緊緊相連，第一次來的外地人常常會被搞混。其實大瑩女裝城成立時間很短，它成立於 2004 年，是東莞市大瑩服裝批發有限公司和黃河時裝城有限公司投資開發的。

虎門大瑩女裝批發城正面

虎門大瑩女裝批發城的另一景

大瑩女裝城的 1、2 樓為女裝展示交易中心，以日韓女裝、OL 女裝批發及品牌服飾為主，3 樓是毛織服飾批發中心，以毛織生產廠商為主力，4 樓則是女裝品牌展貿中心。

除了大瑩女裝批發城之外，最近虎門又多了一處大型服裝批發商場——大瑩東方國際服裝商貿。這個號稱是虎門最大的服裝批發商城，是在 2007 年 3 月 18 日開幕的。我在 2006 年底去虎門時，它還在興建階段。落成後，給到虎門批貨的客商又多了一個挑貨的大型商場。

大瑩東方國際服裝商貿城

虎門目前已經有 20 多家服裝批發商場，作為一個後起之秀，大瑩東方國際服裝商貿城為什麼敢在強敵環伺的環境下進軍服裝市場呢？搞了半天，我才知道他們的策略原來是「堅決做批發」。

大瑩東方國際服裝商貿城的規模很大

原來很多虎門服裝批發商場的檔口是批發和零售兼做。雖然零售價一定比批發高，但偶爾還是會對批貨客造成小小困擾。而大瑩東方國際服裝商貿城的經營團隊看到這個問題，於是將客層鎖定在商務客上。他們的策略除了只做批發生意之外，也積極發展「做訂單」的客源。

大瑩東方國際服裝商貿城的規模極大，目前已經有 1000 多家廠商進駐檔口。樓層規畫也很清楚，1 樓的一側是永安客運站，總共有 50 幾條路線直通廣東各地及港澳；另一側是面朝銀龍北路的皮件、鞋類批發區。3 樓為服裝批發，4 樓為童裝批發，5 樓則改為服裝電子商務及大學生創業基地，6 樓為品牌服裝展示區。

如果有機會去虎門的話，只要到了銀龍路，別忘了一定也要去大瑩東方國際服裝商貿城逛逛。

每個檔口都是詢價的買家

金百利、連卡佛、新時代、新浪潮、名店時裝商場

金百利有不少品牌專櫃

新浪潮時裝商場

銀龍路是虎門服飾批發商圈最重要的一條路。從虎門大道上的大瑩女裝批發城轉進銀龍路後不久，就會遇到虎門最大的大瑩東方國際服裝商貿城，再走幾分鐘就到了富民商業大廈以及富民金輝童裝城，接著過一座橋就來到虎門另一個熱門的批貨地點。

金百利服裝商場的專櫃也有不錯的商品

大家在金百利商場專櫃大肆採購

走過這條橋後，橋北給人的感受完全和橋南的黃河、富民、大瑩東方國際不同。橋北的服飾批發商場內檔口較有設計感，而且一棟接一棟，逛起來也很過癮。

這幾年來，銀龍北路這一段的商圈並沒有太大改變，站在橋北的銀龍路上，左手邊有名店時裝商城、金百利和新時代商場，右邊則有新浪潮、連卡佛、百老匯。唯一新增的是銀龍北路和仁義路交叉口的名店城。這裡有好多時尚檔口等著你來批貨。

在檔口內忙著挑貨的批貨客

在虎門，這些服裝的批價都不貴

名店時裝商場就位於新浪潮對面

這裡匯集了大陸內地的自有品牌，除了連卡佛只有一樓是品牌專櫃區、2 樓是品牌服飾寫字樓之外，名店時裝商城、金百利、新時代商場、新浪潮、百老匯的一、二樓都是品牌專櫃區。這些服飾商場主要以女性流行時尚服飾為主，設計感和質感都還算不錯。由於很多專櫃都是典型的「前店後廠」，所以都具有不錯的設計能力，有些朋友都在這裡挖到不少寶。

這些時尚商場的專櫃數雖然不算多，像金百利只有 50 多家品牌服飾，不過這些服裝和台北比起來毫不遜色，因此很值得到這邊把所有的專櫃都掃一遍。

還有，過去批貨可能一款就得批 10 件才能拿到批貨價，不過近幾年批發生意也越來越難做，現在檔口或專櫃的批貨條件都不像以前那麼硬，有時候不分款只要拿 5 件以上就可以算批貨價。當然拿 5 件的批貨價還是比拿 20 件的批貨價來得高一些，平均一件多 2 ～ 3 人民幣，能不能接受就看個人了。

仁義路專櫃街與寫字樓

銀龍路是南北向，仁義路則是與銀龍路交叉的東西向，仁義路也是另一條滿值得逛逛的商店街。

這裡的店面裝潢得比銀龍路上的商場還要流行，主要是因為這裡的店家主攻喜歡追求流行時尚的年輕女性白領市場，因此這裡的專櫃在服飾設計上會帶入當今日、韓流行的時尚元素。這裡也有不少服飾是銷往南韓的，因此韓風盛行。

仁義路專櫃街有不少服裝可淘寶

團員又找到目標，開始批貨了

仁義路名店城的檔口

仁義路專櫃街也有這種熱鬧的場景

仁義路還有一家黃河酒店，等於就像住在批貨區裡

虎門的寫字樓

至於寫字樓，則是集中在仁貴街、仁懷街、仁德街、仁義路位於銀龍路東側這一段上。

晚上 7 點多的虎門寫字樓街

過了東引河，右手邊依除了專櫃外，就是寫字樓區

晚上 8 點，寫字樓的靚女還在努力工作

寫字樓指的就是辦公室，為什麼逛這麼多家批發商場還不夠，還得去逛寫字樓呢？其實是因為批發商場每天從 9 點營業到 6 點，而通常檔口大都要 9 點半才會營業，到傍晚 5 點半時，我們也準備要離開商場了。但晚上還有兩三個小時可逛，對於時間就是金錢的批貨客來說，能多看幾家店的服裝就有機會多批到好服裝。而這些地方的寫字樓通常營業到 9 點半甚至 10 點，除非晚上有特殊活動，否則去寫字樓逛逛搞不好還會挖到寶。

晚上7點多，整條寫字樓街人不多，正是淘貨好時機

這家寫字樓又吸引了眾人的目光

這家寫字樓貼著內有現貨的牌子

寫字樓的靚女們正在和客戶討價還價

這幾條街的寫字樓大都自設工廠，如果有工廠的話，就可能有自己的設計師。在價格方面，寫字樓的服飾也沒有特別貴。而且很好玩的是，不少寫字樓的外頭都會擺一兩排吊桿，上面掛的都是當初打版或少量的成品，這些服裝都還很新，價格便宜很多，有時候會挑到好東西的。

進寫字樓前，可先挑些便宜貨

成交，靚女開心地打包

這家寫字樓的服飾頗具特色

虎門寫字樓一景

寫字樓前面像專櫃，後面就是辦公室

剛剛提到寫字樓有工廠，因此他們都會貼著「自設廠房，歡迎來圖來樣生產」的告示。這對很多在台灣自己能設計、但卻找不到生產工廠的設計師來說，就是很好的代工廠了。如果有這種需求，就不要找富民或其他商場的檔口，直接找這幾條街的寫字樓談談。

這家寫字樓貼著自設廠房，來版訂製的標示

寫字樓前吊架上的牛仔褲每件只要 15～40 元人民幣

虎門每家寫字樓都有自己的風格

不過，自己設計找人代工的方式一定會有一個問題，那就是一定會有最低生產量。通常有些好談的工廠都是以一支布作為最低生產量，如果是夏裝的話，一支布應該可以做 30 件左右的量。

這一家服裝輔料專賣店產品種類繁多，值得一逛

團員們正在討論現場的商品

大家在寫字樓裡就開始試穿各種服飾

在虎門銀龍路上有幾家專做各種標籤的店，這是其中一家

有件事情要提醒讀者，大陸南北氣溫差異很大，所以如果剛好是秋季第一次去虎門、廣州批服飾的人，可能會對那裡出很多厚重大衣感到不可思議。不過想想看，9 月底的台北仍是酷暑難耐，黑龍江省的哈爾濱氣溫已經降到 18 度了，而哈爾濱冬季平均氣溫一般都在零下 20 度。

所以記得秋冬季節去廣東批貨時，要多注意批的衣服是不是適合台灣氣候。

深圳服飾批貨篇

如果沒有時間跑虎門或廣州的話，深圳的人民南路商圈、東門步行街，也是另一個選擇。

深圳服飾批發商場介紹

台灣人對廣東最熟的城市，除了珠海之外，大概就屬深圳了。記得 2000 年前後，電視新聞就已經報導台灣店家到深圳批貨的新聞，我還記得電視台攝影機還拍下單幫客在羅湖商業城批鞋子的畫面。

其實早在 1990 年代，台灣店家就已經開始到深圳批貨。主要是因為從香港搭廣九鐵路，只要 1 小時就能到深圳了。加上在香港也可以加簽台胞證，讓到深圳批貨更方便，而電視台報導只是讓事情檯面化而已。

深圳市有幾個重要的商業區，像是羅湖火車站、羅湖區東門步行區、福田區華強北等都是。其中羅湖火車站旁的羅湖商業城是台灣人最熟悉的批貨區，因為羅湖商業城就在中最大的陸路海關——羅湖口岸旁，一出羅湖口岸，右手邊的 7 層樓高藍色建築就是羅湖商業城。

羅湖商業城

羅湖商業城是一棟綜合商業大樓，樓層面積高達 1 萬 8 千多坪。大樓裡面除了可以批貨之外，還有美髮、餐廳等設施，甚至桑拿按摩都有。

羅湖商業城最為人知的就是皮件、鞋類和鐘錶批發零售，流行服裝則集中在 4 樓，以時裝、牛仔裝、兒童服飾為主。

出羅湖口岸後，前方不遠處就是深圳火車站了

羅湖口岸是香港進入廣東最重要的口岸

其中，當然又以名牌皮件 A 貨的批發零售最為有名。台灣抓仿冒還沒有那麼勤快時，幾乎所有的名牌皮件 A 貨都是從羅湖商業城這裡流出的。因為那時候知道廣州皮件批發商圈的台灣人還不多，大家為貪圖方便，就直接到香港 3 日遊，第 2 天一整天在羅湖商業城批貨，晚上再趕回香港吃海鮮，第 3 天打道回府。

不過我自己的經驗是，羅湖商業城已逐漸成為觀光客零買名牌皮件 A 貨的商場了，現在羅湖商業城依舊人潮洶湧，只不過觀光客比批貨客要多很多。為了讓觀光客享受殺價的樂趣，羅湖商業城檔口就不像批發市場比較有行情價，而是拉高價格讓客人殺價。這對批貨客來説，雖然少了交通成本，但批貨成本不見得能壓低。

因此，如果只想在深圳批服飾或皮件、鞋類或飾品的話，我反而建議跑一趟東門步行區或人民南路。另外，如果每次的批貨行程都很趕，沒有時間跑虎門或廣州的話，深圳也是另一個選擇。

東門步行街批貨商圈

深圳東門步行街位在羅湖區舊東門區，地鐵老街站就在附近。如果從香港進深圳，出羅湖關後往前走，經過羅湖商業城接著搭電扶梯到地下層，就可以搭深圳地鐵，只要兩站就能從羅湖站搭到老街站，而且只要人民幣 2 元，非常便宜。

這是深圳東門步行街的招牌標誌

東門步行街是由東門中路、曬布街、新園路和深南東路所圍起來的商業區，地鐵老街站的出口是在步行區的西南角，出老街站後，眼前就是東門步行街了。

東門步行街主要是以零售的百貨公司流行商場，以及批發的服飾批發商場為兩大犄角。百貨業方面，有〔茂業百貨〕、〔天虹商場〕、〔太陽廣場〕、〔金世界百貨〕、〔銅鑼灣時裝廣場〕等。服飾批發商場則有白馬服裝批發市場、駿馬服裝批發市場、新白馬服裝批發市場等。

這幾年也冒出了一些新商場，越港鞋業皮具城就是其一，它的 1 至 3 樓是流行服裝、鞋類、皮具、化妝品，4 至 6 樓是品牌眼鏡批發及零售市場。不過我覺得它整個感覺比較偏零售，批貨客可自行考慮要不要過去看看。

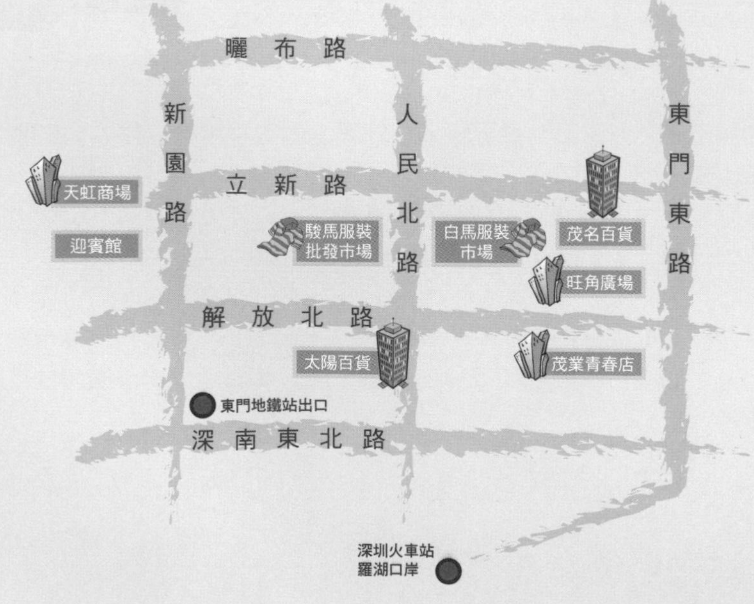

東門步行街的熱鬧程度經過東門物業管理公司估算，平均日人流量高達 50 萬人次。我去考察時，也覺得滿滿的都是人潮，而且即使不是周末假日，人潮一樣多得嚇人。東門步行街的服裝批發市場以休閒服較多，如果想要批歐、美、韓、日的時裝，記得多走走人民南路商圈。

深圳東門步行街和台北西門町非常相似

深圳新開業的越港鞋業皮具城

只要注意路標，在東門步行街不容易迷路的

深圳東門步行街呈現出一股南洋風

白馬時裝批發市場

深圳白馬批發市場是廣州白馬商貿大廈和深圳東門物業管理公司合作經營的。這是一棟 5 層樓的建築，總使用面積為 4,000 坪，和廣州白馬商貿大廈比起來，那真是小了一大號。不過主要因為東門步行街是個非常成熟的商圈，這裡幾乎已經沒有什麼空地，深圳白馬是沒辦法和廣州白馬相提並論的，檔口家數也只有虎門富民的一半。

深圳白馬位於東門步行街的立新路上。1 樓是品牌形象店，2 樓整層是時尚女裝批發，3 樓是時尚男裝批發，至於 4 ～ 5 樓則是寫字樓，地下 1 樓是休閒裝、童裝、內衣、皮具、精品等檔口。

深圳白馬時裝批發城就坐落在東門步行街內

深圳周邊的服裝工廠越來越少，因此，越來越多深圳的服飾其實都來自虎門或廣州。只要每家檔口花力氣看看，還是可以找到價格和虎門差不多的服飾。所以在東門步行街的服裝批發商場挑貨，不要只在檔口的門口晃，就大大方方走進去看貨，這樣才可能讓你找到好貨。

當然你還是要先估算一下，如果你每次要批的量都不多，跑虎門或廣州，成本確實會高一些，但大概就是多出一些交通費用（從羅湖客運站到廣州省巴士站的巴士車票來回是人民幣 120 元，再加上「打的」費用來回 30 ～ 40 元，也不過就是人民幣 160 元）。住宿費用並沒有差太多，差的就是時間了。

走進深圳白馬，你會發現每家檔口前也都堆滿了一袋一袋打包好要送到外地的服裝，生意看來也是挺好的。不過現在深圳白馬也開始吸引設計品牌進去設點，主要是希望能夠透過品牌提升白馬的整體形象。

深圳寶華白馬時裝批發城外觀

新白馬服裝批發市場

新白馬服裝批發市場和駿馬服裝批發市場都成立於 2004 年，算是深圳服裝批發商場的小老弟。它的外觀有一個和白馬不同之處：在它的廣場上矗立著一匹白馬，非常好辨認，只要看到這匹白馬就知道到了新白馬。

新白馬的總使用樓層面積為 4,500 坪，大門口直接就是電扶梯，2 樓是飾品批發商場，3、4 樓才是男女裝批發商場，5 樓是外貿服裝商場。建築結構也和虎門富民一樣，都是採用中庭式建築結構，檔口則是環繞著中庭。

原本新白馬一開始也和其他商場一樣，都是走女裝路線。後來發現如果再不走出自己的路，恐怕很快就會被市場淘汰，所以很快就轉型為純男裝批發商場。一樓中庭則善加利用，成為鞋類銷售廣場，因此在較難找到男裝批發的深圳，可以到新白馬逛逛，算是東門步行街中比較有看頭的批發商場。

新白馬服裝市場的男裝檔口，標價通常是零售價，批發價要開口問

深圳新白馬的中庭則是鞋類批發區

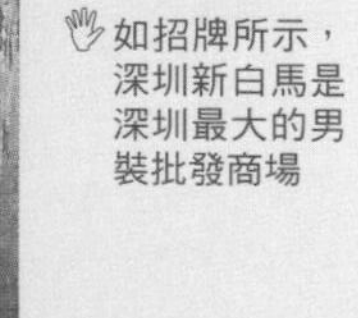

如招牌所示，深圳新白馬是深圳最大的男裝批發商場

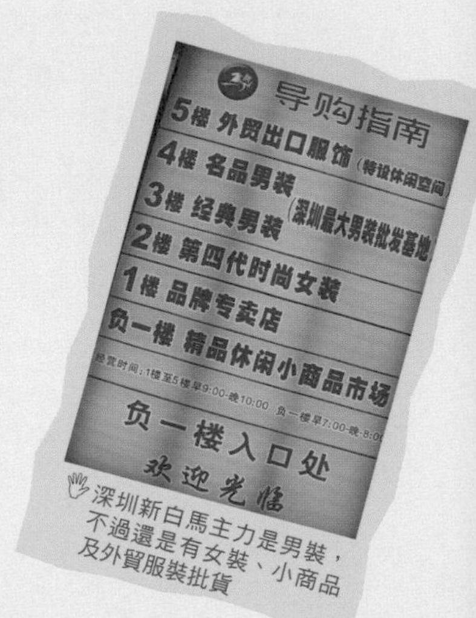

深圳新白馬主力是男裝，不過還是有女裝、小商品及外貿服裝批貨

10

駿馬服裝批發市場

在東門步行街的人民北路上，還有一家駿馬服裝批發市場，這家也是 2004 年開幕的。

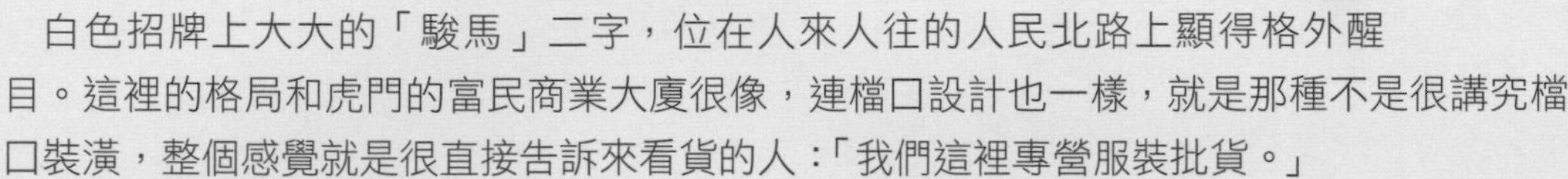

白色招牌上大大的「駿馬」二字，位在人來人往的人民北路上顯得格外醒目。這裡的格局和虎門的富民商業大廈很像，連檔口設計也一樣，就是那種不是很講究檔口裝潢，整個感覺就是很直接告訴來看貨的人：「我們這裡專營服裝批貨。」

這裡的檔口比白馬還要熱鬧些，堆在檔口前，準備要送到各地的衣服也比在白馬看到的還要多。有興趣的話，可到駿馬看看。

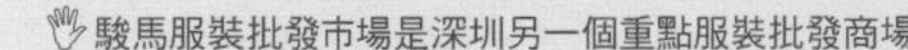

駿馬服裝批發市場是深圳另一個重點服裝批發商場

人民南路商圈

人民南路時裝商業區是深圳另一個重要的流行時裝批發商圈。其中較重要的批發商城有〔南洋服裝批發市場〕、〔海燕服裝批發市場〕、〔東洋國際時裝批發城〕和〔新港灣時裝批發城〕。其中又以南洋服裝批發市場、海燕服裝批發市場、東洋國際時裝批發廣場 3 個批發商城較為集中。

海燕服裝批發市場與南洋服裝批發市場、東洋國際時裝批發廣場位在嘉賓路、建設路與人民南路所圍成的區域內，深圳地鐵國貿站近在咫尺，交通非常方便。

屬於中高檔的女裝

根據我在深圳開服裝店的朋友說，海燕及南洋時裝批發市場是大陸批發歐洲時裝非常重要的地方，整體商圈屬於中高檔的女裝。連上海、香港一些標榜歐洲時尚的精品店，他們的商品有不少也是來這裡批的。我在香港的朋友就曾看到，她逛過的一家精品店老闆來這裡批貨，害她嘔了半天。

坦白說，這裡的歐美款式服裝有很多都是仿名牌，基本上，衣服的批貨價很少低於人民幣 100 元。

不過，這裡也不是所有的服裝都夠優、夠檔次，所以也有些批貨客來看過後覺得應該算中低檔次。總之，來批貨就要會選，才能挑到好商品，否則再好的商品也是白搭。

還有，人民南路商圈的這些服裝批發商場也是有零售的，如果要來這裡逛的話，一定要特別會殺價。批發的話通常以 10 件為起跳，而且一款各拿一件，總共拿 10 件也可算批發價。

11

廣州皮件鞋類批貨篇

廣州的皮件與鞋類批發市場範圍很廣，每個商圈的腹地也很大，跑起來很過癮，也一定很累。其實只想批皮件的人，到了廣州，只要跑梓元崗就足夠了。而廣州高檔皮件批發的首選商場，一定非白雲世界皮具貿易中心莫屬了。

東南亞最大的皮件批發市場〔梓元崗〕

廣州的皮件批發商場集中在梓元崗，它的位置剛好在地鐵二號線的廣州火車站與三元里站兩個地鐵站之間。從地圖上看，廣州火車站距離梓元崗較近，不過我自己則習慣從三元里站步行至梓元崗，費時約 15 分鐘，雖然不算遠，但夏天揮汗走這段路還是挺辛苦的。如果不想走這 1 公里的路，可以搭公交車，我建議在廣州火車站前廣場的公共汽車總站搭 257 號，這路公車是經過梓元崗到沙河濂泉路站。

鞋類批發商場則集中在地鐵二號線廣州火車站附近的站西路、環市西路、廣園西路，以及地鐵二號線海珠廣場附近的解放南路。這兩個地方除了梓元崗離三元里站較遠之外，鞋類的批發商場都離地鐵站較近，對批貨客來說是交通方便的批貨地點。

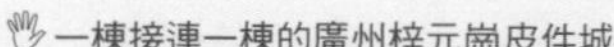
一棟接連一棟的廣州梓元崗皮件城

梓元崗─東南亞最大的皮件批發市場

「中國皮具發展看廣東，廣東皮具發展在廣州。」這句話說明廣州在中國大陸皮件生產銷售通路的重要性。歷經多年發展，中國各大知名品牌皮件和國外皮具品牌中國總代理的總部，都集中在梓元崗商圈。中國皮件內需市場的商品幾乎都是從梓元崗銷售到各省市，梓元崗也逐漸從內銷轉型成外銷為主的商場。

根據廣州市皮具皮革行業商會統計，早期梓元崗的市場交易量中 80％是內銷、20％是外銷，現在則完全反過來，80％的皮件都賣到世界各地去了。

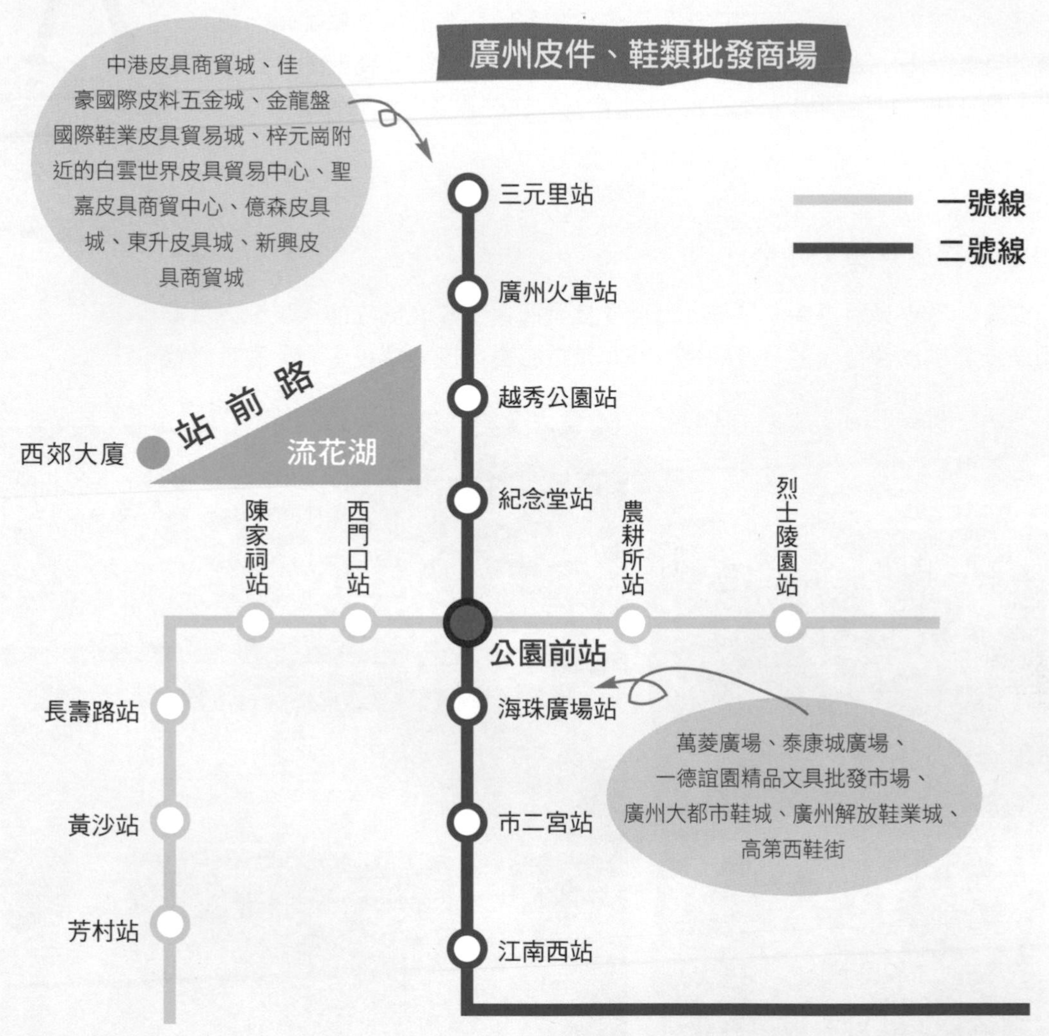

現在每天都有來自海內外的商家到廣州梓元崗看版、看料和下單，一年 100 多億元人民幣的交易量，已經讓梓元崗站穩中國皮件批發市場的腳步，就像一顆持續發光發熱的恆星，反而聚集了周邊的衛星鄉鎮，彼此形成更緊密的關係。像是花都獅嶺，由於地處廣州北部，擁有周邊眾多人造皮革加工廠，反而和梓元崗真皮產品從競爭變成互補的關係。

廣州皮件批發商圈

廣州的皮件批發商場集中在梓元崗附近的解放北路上，兩側都是一棟又一棟的商場大樓，連結成梓元崗這個東南亞最大的皮件批發市場。目前最大、最紅火的批發商場，就屬 2003 年才開業的白雲世界皮具貿易中心了。

白雲世界皮具貿易中心

白雲世界皮具貿易中心是梓元崗皮件批發商場中較晚成立的，現在只要講到廣州高檔皮件批發的首選商場，一定是白雲世界皮具貿易中心。我在當地

皮件檔口一景

白雲世界皮具貿易中心外觀

專營皮件外銷的朋友劉穎透露，2003 年白雲世界皮具貿易中心成立初期，大多數商家都在觀望，因為它和傳統的梓元崗皮件批發商圈剛好隔著解放北路遙遙相望，很多人懷疑白雲是不是做得起來。當時一個 16 平方米（約等於 5 坪）的檔口售價 6 ～ 7 萬元人民幣，還賣不掉。現在叫價到 20 萬人民幣，還不見得有商家要賣，而且現在白雲世界皮具貿易中心二期也正式營運了。由此可見，白雲世界皮具貿易中心的興旺程度。

廣州白雲世界皮具貿易中心全景

白雲世界皮具貿易中心的成功，在於有別於傳統批發商場只管招商不管服務的政策。白雲除了擁有 6,000 坪的賣場、3,000 坪的商務辦公室之外，還引進專業皮具外貿公司和外語國貿人才，規畫有物流中心、資訊及資料中心、會展中心、設計中心、金融服務、餐飲服務，才是讓白雲世界皮具貿易中心能夠吸引 1,200 家企業進駐，在競爭激烈的梓元崗皮件批發商圈後來居上的主因。

白雲世界皮具貿易中心的進駐品牌廠商眾多，像是比華利保羅、LCK、老皮匠、比比皮具、諾蔓、路易卡迪、啄木鳥等喊得出名號的大陸皮件品牌，都可在這裡找到。

廣州白雲皮具貿易中心銷售小皮件的檔口

廣州白雲皮具貿易中心可批到各種皮包

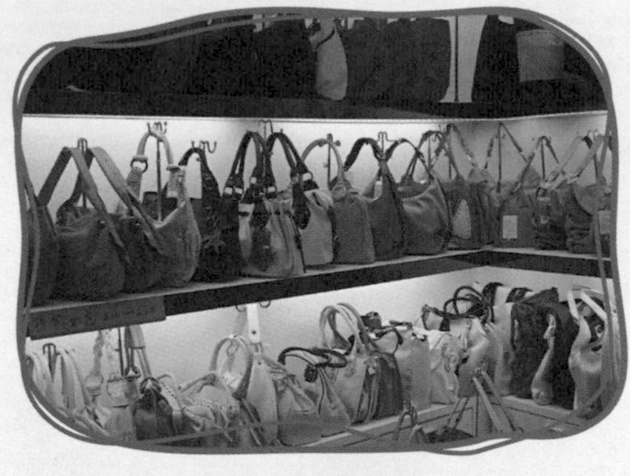

廣州皮件商場有各種風格小店，值得前往淘寶

像我在白雲世界皮具貿易中心經過啄木鳥的檔口，立刻就被他們放在展示櫃的皮包吸引住了。那幾組漆皮皮包做得真是不錯，不管皮革原料或加工、五金材料的品質檔次都很好。連有多年皮件外銷經驗的劉穎，都覺得品質算是相當好，畢竟在內地，啄木鳥也算是有名氣的皮件品牌。白雲不只大陸品牌皮件多，其中很多還是名氣不大的自創品牌，但每個檔口的產品品質都很不錯。在這裡還可以看到很多歐洲或非洲的批貨客，這也是為何白雲一直是廣州皮件批發的重鎮。

啄木鳥皮件走的是時尚高檔路線

以我的經驗來看，真皮皮件檔次的差異較大，因為這牽涉到取皮的位置與鞣製技術。至於合成皮則是整張的品質都很一致，差別就在平整度與透氣度。因此台灣買家在選擇真皮皮件時，反而要更仔細。除做工外，還要多注意整個皮件是否因使用不同質料的皮材，影響了皮件的整體性。

即使是真皮皮件，如果整個包包看起來就是垮垮的，也不會有人想批來賣的。

批貨條件怎麼談？

在白雲世界或其他中高檔次的皮件批貨市場批貨，大部分的檔口都是要訂貨的。一般來說，每一個款式都設有最低訂貨量，這是中高檔皮件批發商的批貨規定，也是廠商和首次前來批貨的批貨客所訂下的規定。通常一段時間後，批貨條件才會較有彈性，畢竟誰都怕被倒。

價格方面，如果是合成皮（大陸叫「PU 皮」）的皮包，通常中高檔次的批發價在 60 ～ 85 元人民幣，高檔合成皮皮件則會高到 120 元人民幣以上。設計較簡單、皮材較普通的合成皮皮件，價格可以低到 20 ～ 30 元人民幣；至於真皮皮包批發價則在 160 ～ 250 元人民幣之間，這當然會隨著條件不同而有差別。

啄木鳥的靚女手提漆皮皮包

除了皮質不同之外，車工精密度與五金（也就是扣環、拉鍊、磁釦等皮件用金屬零配件）材質也是影響售價的主因。

另外，我去三元里的原物料批發商場看各種皮革材料，也發現到現在品質好的合成皮革外觀幾乎和真皮無分軒輊，所以業界也常開玩笑說：「真皮像假皮，假皮像真皮。」

梓元崗皮件批發商圈

梓元崗眾多皮件批發商場中，規模與檔次較為一致的是億森皮具城與聖嘉皮具商貿中心。這兩棟商場大樓隔鄰而立，以中高檔女性時尚皮件為進駐廠商訴求，這裡的皮件品質也不錯。

由於批貨客都習慣要求檔口必須有自己的工廠，因此大陸內地批發市場「前店後廠」常見的經營模式，在這裡也很普遍。所謂的「前店後廠」，早期真的是前面是檔口，後面就是充當廠房的家庭式作坊。但現在規模大了，通常都是檔口設在梓元崗，工廠則是在廣州周邊的衛星市鎮。

在陸橋上往左看，桂花樓皮具成就在眼前，中澳皮具城在旁邊

億森皮具城與聖嘉皮具商貿中心隔鄰而建

走過橫跨解放北路的陸橋，就會來到梓元崗。到梓元崗後，你會先看到聖嘉皮具商貿中心

三元里大道
梓元崗路
中港
金億
億森
聖嘉
新興
廣州白雲
千色
億發
東昇
桂花崗
中澳
廣州火車站
桂花路
三元里大道
站西路
環市中路
歐陸
步雲天地
廣州國際
站南路
站前路
人民北路
解放北路

廣州鞋類批發圖

從梓元崗地圖看得出來，白雲世界皮具貿易中心位在解放北路的東邊，位於西邊隔著解放北路與白雲世界遙遙相望的，就是梓元崗皮件批發商圈。包括億森皮具城、聖嘉皮具商貿中心、中澳皮具城、桂花樓皮具城、金億皮具廣場、安興皮具城，以及旁邊解元崗的東昇皮具批發城、新興皮具商貿城、匯森皮具城、億發皮具商場等。
梓元崗皮件批發市場，就是從解放北路的西邊開始發展起來的。

像我在億森皮具城逛過一家專門銷售合成皮皮包的檔口，他們的皮包都是用電腦車繡花紋，提帶部分也是非常費工的人工編織，皮質與花樣都頗具水準，批發價格自然就拉高到85到95元人民幣了。

當然他們的批貨條件也是每款式最少要30個，所以沒有能力一次下單一款式30個皮件的話，最好找在不同地方營業的同行一道來批貨，或先零買幾個用用看，不過零售價就是兩倍了。

從白雲隔著解放北路看，億森皮具城就在對面

請注意細看它的精緻車工

當然也不是所有的檔口都是這種批貨條件。越是離開解放北路往解元崗（跟解放北路交叉）走進去，像是新東豪商貿城、柏麗皮具城、森茂皮具城、三億皮具城等或其他皮件城，不僅可找到許多批發價格較低的皮件，而且不少檔口都有現貨可拿，數量也沒有白雲、億森與聖嘉的檔口那麼硬。有時候不分款式，只要合起來拿 10 個，檔口都可以商量。

對於想要批銀包或皮帶的批貨客，則建議到位於梓元崗路上的億發皮具城，因為這裡是梓元崗皮件批發商場中較專營銀錢包與皮帶的商場。

還有，沿著梓元崗路走進去，除了前面幾棟原有的商場之外，走到最後會看到右邊有一家卓隆皮具商貿城，左邊則是千色皮具廣場、天泓皮具城，其中天泓是最新也較有規模的，是由地產開發商投資人民幣 3 億元所開發的皮具品牌市場。

不同於其他商場的是，天泓的地下一樓面對梓元崗路的那一面是開放的，還做了一件大概只有白雲世界才有能力做的事：進駐品牌會舉辦年度新產品走秀活動。你也許會想，批發商場只要照顧好進駐檔口及各種配套設施就好了，何必做這些品牌行銷活動？我想，這應該是天泓想在競爭激烈的梓元崗市場殺出一條自己的路。

廣州的皮件批發商場高度集中，只要到解放北路的梓元崗，就等於到了華南最大的皮件批發區。因此廣東各地，包括深圳的檔口或個體戶都搭車到廣州火車站後再轉車到梓元崗批貨賺取價差。

天泓皮具城會舉辦年度新產品走秀活動

另外，從這裡步行約 15 分鐘就能到三元里。三元里有個大型皮件原物料批發商場「佳豪國際皮料五金城」，這裡不賣成品，只賣各種製作皮件的原物料，像各種皮革、皮件用五金等。包括東莞台商在內，許多需要大量皮件原物料的工廠採購人員常常會定期到這裡看最新的報價，後來也有越來越多的台灣批貨客，在批貨前也會先到這裡了解各種皮料及五金的價格。

三元里是皮材零配件的批發中心，要了解原料價格，一定要到三元里走一趟

如果來到三元里，可以多看幾家皮材零配件店

三元里的佳豪國際皮料五金城

不過，沒有鞋類生產經驗的批貨客至少要先了解生產一雙鞋或皮包所需的皮料，否則即使到這裡打探到行情，也沒有辦法在賣場殺價。

想批皮件的人，到了廣州，其實只要跑梓元崗就很夠了，廣州其他地方也沒有像梓元崗這麼專業的皮件批發商圈了。反正要去就去最大的，能夠把梓元崗都逛完，我就給你拍拍手啦。

推薦值得一看的皮件檔口

【法國耶納諾啄木鳥國際有限公司】

啄木鳥是大陸自有品牌中算是滿不錯的品牌（有到法國註冊登記品牌），他們主要以真皮皮件為主，皮材與設計都屬上乘，批發價格從人民幣 180 ～ 200 元不等，如果以真皮皮件來看，價格滿有競爭力的。（地址：廣州市解放北路白雲世界皮具貿易中心 2A175 檔　電話：86-020-86268448）

啄木鳥的漆皮皮件真是漂亮

漆皮皮件特寫

啄木鳥批貨條件較硬，第一次最少批 30 個，和中高檔皮件業者的條件一樣，而且不見得有現貨，很多款都是必須下單生產。即使要等，以其品質來看還是值得。

【斯奈爾皮具有限公司】

斯奈爾是以合成皮件為主，皮件屬中檔價位與品質，設計上較中庸，屬於耐看型。大部分皮包都不會有退流行的問題，滿適合上班族市場。如果有喜愛這類包包的客層，建議到這裡走走看看。（地址：廣州市解放北路白雲世界皮具貿易中心 2A100 檔　電話：86-020-26099502）

批發價約人民幣 60 元左右，最少要拿 50 個，可再商量。

【佳佳皮具】

佳佳皮具的每個包包都像這樣簡單實用

佳佳皮具以產製高檔合成皮件為主，它的皮件以黑色居多，看起來都很大方。在車線上使用色澤比較穩重的縫線，五金也是用自然色澤的銅製品。整體看起來低調但不奢華。在拉鍊上採用的大都是粗齒拉鍊，堅固耐用。像馬鞍包，從外表看就非常堅固耐用。（地址：廣州市解放北路 1339 號森嘉商務大廈聖嘉皮具城 A72 檔　電話：86-020-86355090）

每家檔口的皮件都很多，要批貨真要練就一雙火眼金睛

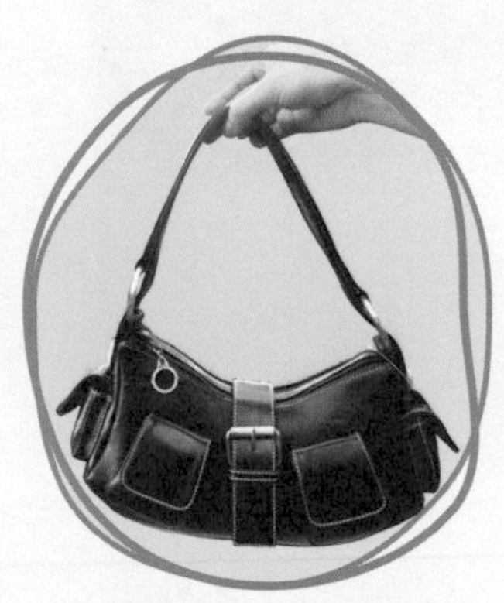

佳佳皮具的馬鞍包就是這樣傳統，而且堅固耐用

批發價格在人民幣120～130元之間。

【卡萊爾皮具有限公司】

這家廠商直接標榜它是仿製各名牌的皮件（雖然其他皮件廠商也是，但沒有這麼坦白），像是 Dior 的手提包就是一絕。他們還表示可代為製作金屬商標，這家廠商在品質與設計上都相當不錯。（地址：廣州市解放北路 1339 號森嘉商務大廈聖嘉皮具城首層 152 檔　電話：86-020-86355294）

批發價格在人民幣 70 ～ 85 元，最低批貨數量只要 10 個，比起白雲世界的廠商要低很多。如果喜歡這類仿名牌造型皮件的網拍業者，可考慮來這批貨。

卡萊爾皮具仿 Dior 手提包，LOGO 可依客戶需求製作

除了這款仿 Dior 的包包外，卡萊爾還有各種皮件

【廣州花都洋龍皮具製品廠】

由於是工廠直營與產品定位的關係，廣州花都洋龍的皮件批發價格較低，平均是人民幣 35 ～ 45 元。雖然價格滿低的，但皮件的整體感還不錯。他們設計生產許多休閒包，也根據名牌包的各種樣式加以修改，對於定位在中低價位商品的買家來說，這家廠商的商品價格既合宜，樣式也跟得上潮流。（地址：廣州市梓元崗東昇皮具城 2005 檔　電話：86-020-86698632）

對於這類休閒包有興趣的買家可到這裡淘貨，最低批貨數量為 40 個。

【廣州駿浩皮具有限公司】

這家廠商的皮件批價很低，平均在人民幣 20 ～ 25 元之間。雖然這家廠商的檔口很小，也沒有什麼裝潢。但他們的皮件品項不少，有提包也有側背包，而且他們也接訂單，買家可以拿圖或拿皮件請他們生產，連皮材、顏色、五金等都可以指定或與廠商討論。

他們另一個好處是很多商品都有現貨可拿，買家不需要下單，這對許多希望能夠直接帶回台灣的買家來說非常方便。（地址：廣州市梓元崗東昇皮具城 1070 檔 電話：86-13527894973）

批貨條件｜沒有最低批貨量的限制。

駿浩皮具的單價低，也沒有最低批貨量的限制

駿浩皮具的包包品項很多

除現貨外，駿浩皮具也接訂單

注意看左下角的皮材樣本，顯示他們也接客戶下單

檔口雖小，但這些只是一小部分的商品

廣州鞋類批發商場之〔廣州火車站〕

中國大陸製鞋業主要集中在四川的成都、廣東的廣州、浙江的溫州、福建的泉州，各地都有各自的批發市場。以地理條件來看，還是以廣州距離台灣最近。

至於過去幾年台灣電視新聞播報過，台灣跑單幫的個體戶到深圳的羅湖商業城批貨的新聞，其實早就過眼雲煙了，現在的羅湖商業城早已變成觀光商場，稍微有點 sense 的，是不會到羅湖商業城批貨的。

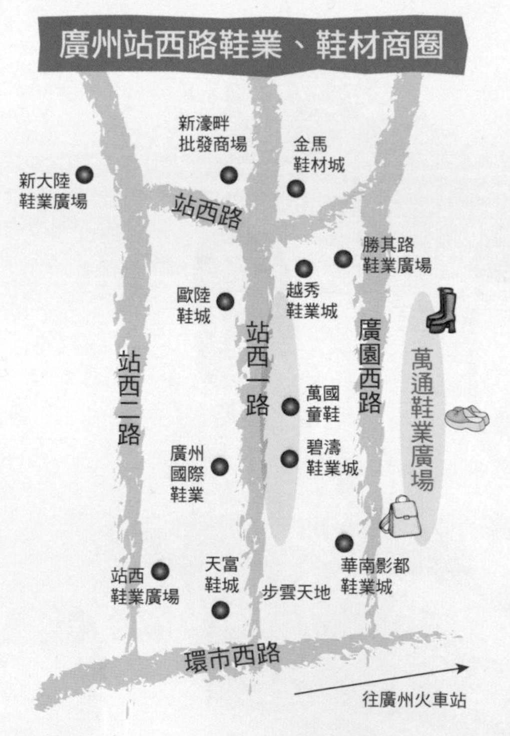

廣州火車站商圈是精華區

廣州的鞋業批發商場，主要集中在廣州火車站附近的站西路、環市西路一直到廣園西路的皮件批發商圈。海珠廣場附近的解放南路與大新路，以及海珠區的華南鞋業城等 3 大商圈。

由於華南鞋類城商圈以內銷居多，鞋型可能較不適合台灣市場，而且離站西路鞋類批發商圈較遠，如果時間有限的話，只要跑站西路、梓元崗與解放南路就非常足夠，華南鞋業城則是可去可不去。

廣州火車站是廣州批貨項目最集中也最熱鬧的一區，附近的站西路鞋類商圈發展至今有十幾年歷史。位於廣州火車站以及省汽車客運站、流花車站等交通樞紐區，原本就是人潮匯流之地，因此從站西路往環市西路、廣園西路延伸，發展出擁有新濠畔、步雲天地、國際、歐陸、天和、越秀、蒂豪、金豐、勝其路、萬國、新大陸、雅寶路、西城鞋業廣場、天富等十幾個鞋類批發商場的站西路鞋類批發商圈。

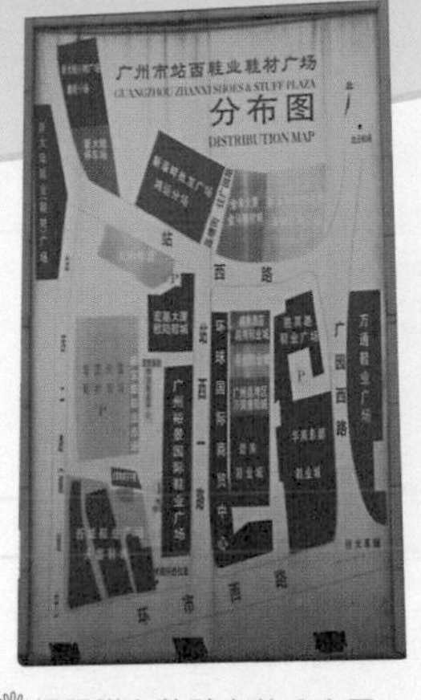

這張掛在牆壁上的分布圖，大致可看出廣州火車站的鞋類批發商圈

大體來說，站西路鞋類批發商圈中，歷史較悠久的是歐陸商業廣場鞋類城、天和商貿城和廣州國際鞋類廣場。這些鞋城經過重新整修，不管在內裝與規畫上都比早期改善許多，全館內部裝潢看起來滿高檔的。

歐陸鞋業城是廣州火車站商圈的鞋類批發商城之一

大概是怕被同業仿製外型，幾乎鞋城內每一家檔口不是利用隔板或毛玻璃裝潢，就是用布幔將鞋架上的產品蓋住，讓同業無法從走道上窺伺，再加上要提防同行的設計師前來「考察」，因此廣州不少檔口的門前都會貼上「同行勿入，面斥不雅」的紙牌。從這些細節就可看出當地鞋類批發生意競爭之激烈。

自從步雲天地二期正式營業後，總營業面積已經將近兩萬坪，而且走的是高檔外銷路線。皮件外銷業者劉穎特地建議鞋類批貨客，除了男女皮鞋之外，如果想要批高檔的童鞋，最好也走一趟步雲天地的「萬國童鞋世界」。這裡童鞋檔次應該算是全廣州最高的了。

站西路這些新開業的大型鞋類專業批發商場，不僅營業規模大得驚人，而且引進現代化的國際銷售配套設施、設計、品質都端得上檯面的廠商。不僅讓傳統的批發商場面臨沉重的

歐陸鞋業城重新裝潢過，整體感覺很高檔

步雲天地是廣州火車站商圈新開設的鞋類批發商城

位於地鐵三元里站 C2 出口的金龍盤國際貿易廣場

威脅，也讓人感受到廣州產官界致力成為國際專業批發基地的企圖心和決心。

這些高檔鞋類批發商場的設計鞋款很多都是外銷到歐洲、美國，一向追逐歐美風格不遺餘力的台灣市場，應該很適合這些鞋款。

在站西路商圈不只可找到高價位的鞋類，如果想要批中等價位的男女鞋，這裡也有不少鞋城可以尋寶，像是天富、天和鞋城，及位在環城西路上的西城鞋類廣場等，都是中價位的批發鞋城。雖然比較遠一點，只要多走些路，有可能找到價廉物美的商品呢。

除了老字號的鞋城外，站西路上環球國際商貿中心的「步雲天地」和較遠處廣園西路上的金龍盤國際貿易廣場，因為就在地鐵三元里 C2 出口邊，臨廣園西路的還是高架橋，占地利之便，金龍盤國際貿易廣場前陣子也很熱門。不過我去看了之後，覺得金龍盤的檔次中等，而且不只賣皮件、箱包，還有賣其他商品，加上和梓元崗皮件批發商圈有一段路，就成了獨立的皮件批發商場。很多大陸批貨客來這裡看看時，很容易就可以搭 C2 出口旁的「摩的」（當成計程車使用的摩托車）到解放北路的梓元崗，這也是金龍盤比較可惜的地方。

我不知道台灣有沒有人想批運動鞋回去賣的，如果想批運動鞋的話，站西路往站前路方向走，經過站西服裝城之後，就會看到一些銷售運動鞋的檔口。

不過全球運動鞋市場早已被幾個國際大品牌所獨占，如果在這些檔口找得到這些品牌運動鞋的話，有可能是仿冒品，想批貨的人要小心、問清楚，免得批回台灣後卻吃上官司。

廣州鞋類批發商場之〔海珠廣場〕

另一個重要的鞋類批發商圈，則是海珠廣場商圈。海珠廣場商圈的鞋類批發商場主要是位於解放南路和大新路上。在解放南路上，有大都市鞋城、高第西鞋街及解放鞋業城連成一整個鞋類批發商圈。其中大都市鞋城算是較有規模的鞋城，時尚男女鞋的款式、數量相當多。

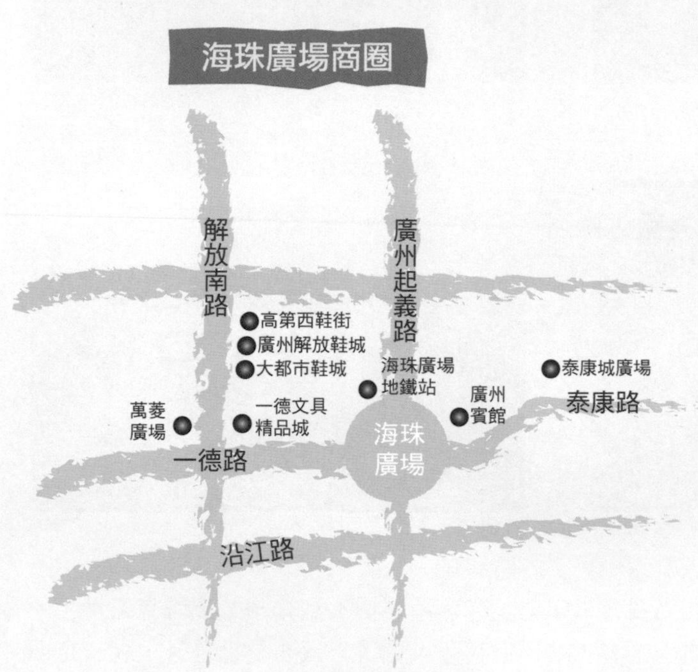

大都市鞋城

大都市鞋城是由 3 個大正方形建築所組成的，屋頂是由十幾個帳棚所搭建。聽說這些帳棚還是從比利時進口的特殊材質，在成立之初，特別吸引眾人的目光。

在鞋城的周邊就有幫忙運貨的貨運員，通常批鞋子不太可能自己提回酒店或帶到貨運行。如果數量真的很多，那就委託貨運員將批好的一箱箱鞋送到指定地點。如果不知道該怎樣做，也可請檔口的靚女們教你，她們會很樂意幫忙的。

海珠廣場商圈的鞋類批發商場裝潢，不像站西路的歐陸、天和、廣州國際或步雲天地那麼時尚，這裡的男女鞋批發價格較低廉，因此通常連檔口內的地上都擺滿了各種女鞋，批貨客往往拉張凳子就坐下來開始挑貨。

坦白說，我覺得大都市鞋城的樣式都很時尚（或許跟步雲天地、歐陸還有點距離），不管是低跟、高跟女鞋，應有盡有。在大都市鞋城，你會感覺到每個檔口的空間都被充分利用，除了貨架之外，地上也擺滿了鞋子，而且分類整齊，高跟鞋一排、低跟鞋一排、休閒鞋一排。此外，大陸高跟女鞋的款式非常多，漂亮、設計感很夠，5 公分的跟不算高，8 公分以上的跟算正常。當地踩高跟逛街的女孩還真不少，所以這些高跟鞋不是做來擺櫥窗用的。

帳篷式屋頂是廣州大都市鞋城的特色

廣州大都市鞋城有兩三區，算起來總面積也不小

這是很典型的廣州大都市鞋城檔口，產品多，大都有現貨

解放南路上的廣州大都市鞋城

現在大都市鞋城的檔口比以前時尚多了，如果說在這裡還挑不到鞋子，那就有點扯了。至於鞋子的品質，我覺得還是要自己去看才準。但我個人覺得，只要是批鞋子，就一定要來海珠廣場的大都市鞋城。

走出大都市鞋城後，順著旁邊的路往前走可以到繽繽鞋業廣場。我看了一下繽繽鞋業廣場，覺得可以不用花時間去看，因為它應該是做零售的。

高第西鞋街及解放鞋類城都是一層樓的批發商場，任何人一看就知道檔次較低，所以也比較有機會殺價。

如果想批運動鞋的話，站西路往站前路的路上，以及解放南路上的解放鞋業城，都有專營運動鞋批發的檔口。

12

飾品、水晶、半寶石批貨篇

如果沒有專業知識，最好不要貿然投入半寶石飾品市場，但若真的想做半寶石飾品生意，至少要來一趟荔灣廣場商圈看貨。

廣州飾品、半寶石批發商場介紹

開始介紹廣州飾品批發商場前，我認為有必要把「飾品」做初步的定義。因為市場上很多飾品店或服裝店為了將客人一網打盡，因此進了所有可以配戴在身上的東西，把整間店妝點得非常熱鬧。不過，根據我跑了廣州的批發商場後，發現還是可以把商場和商品分得更詳細。

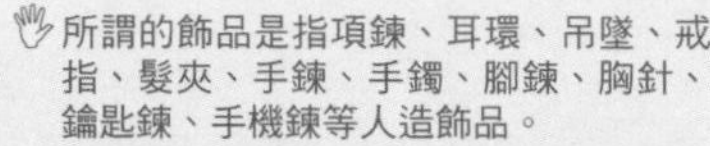

所謂的飾品是指項鍊、耳環、吊墜、戒指、髮夾、手鍊、手鐲、腳鍊、胸針、鑰匙鍊、手機鍊等人造飾品。

當然一定有人會問：「那像水晶、紅藍寶石、琥珀、玉石做的東西，算不算飾品呢？」

「當然算！」

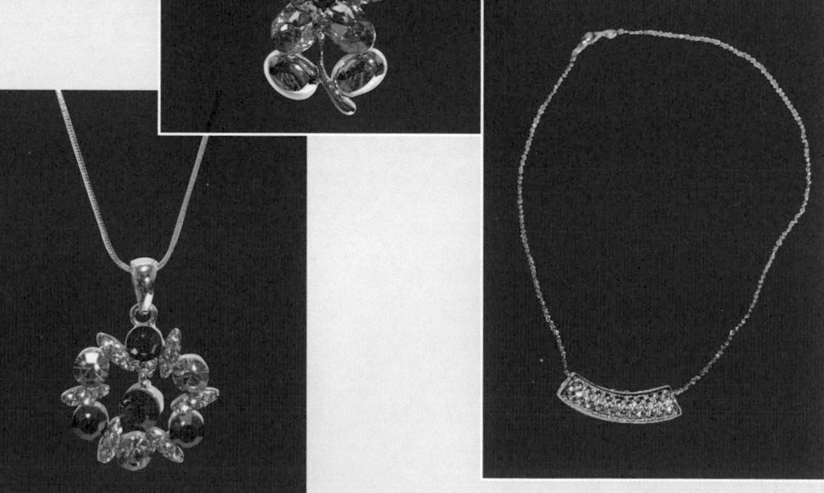

在廣州的批發商場中，飾品的批發商場都是賣成品，但廣州也有專賣天然半寶石的批發商圈，因此在本書中，有必要將飾品批發與半寶石批發商場分開介紹。

華南國際小商品城〔西郊大廈〕

廣州的飾品批發商場中，位於站前路西郊大廈的「華南國際小商品城」是最知名、也是最大的飾品批發商場。西郊大廈有 A、B 兩棟大樓，共有 1,400 個店面，並由一座空中走廊連接兩棟大樓。

成立於 2000 年的西郊大廈華南國際小商品城，之所以能成為廣州數一數二的飾品批發商場，主因是它開業時的硬體條件與商場管理在當時都算先進，很快就吸引了許多大陸自有品牌進駐。

流花路 LIU HUA ROAD 东风路 DONG FENG ROAD

從站南路北端一直往南走到接近流花湖，也就快到西郊大廈了

我去的那天剛好人不多，逛起來很隨性，店員也不會在外頭拉客

西郊大廈內有不少專賣某一類飾品的店家

這裡有很多髮飾，造型、做工都相當不錯

西郊大廈除了中高價位的飾品外，也不乏較低價的商品

這是西郊大廈的 B 棟，兩棟大樓有走道相通。即使現在西郊大廈的外觀看起來沒那麼新穎。但由於早已打響華南第一大飾品批發商場的名號，因此每天還是有許多批貨人潮湧入。

聚集了大陸喊得出名號的品牌

現在的華南國際小商品城聚集了大陸多家知名的飾品品牌，包括廣東伊泰蓮娜、雅天妮、威妮華（威妮華仿真首飾）、晶晶、怡美、茗華、金鷺、潮流、均興、深圳偉星、福建金得利、上海藝麗寶、浙江新光、小木馬、琳琅、慶琳、美琳、太陽花、美聯、赫赫、歐比雅比、卓雅妮、藝達、紅蘋果、金鷺、博盛飾品、茗華、迪芬妮、韓國漢城、京城、雲上等，都是在大陸喊得出名號的飾品品牌。

因此華南國際小商品城在廣州飾品批發商場中屬於中高檔定位，也由於知名廠家集中，也讓華南國際小商品城在飾品行業的地位等於服裝批發的廣州白馬商廈。

不過，即使定位中高檔，在華南國際小商品城還是可以找到較低價、品質又不錯的飾品。像是有些鬆緊帶式的壓克力髮圈，做工不錯，不會有毛邊，而且批發價不過 3 ～ 5 元人民幣。能不能挑到好貨，就要考驗批貨客的慧眼了。

定價 15 ～ 25 元人民幣的金屬夾式髮夾，以各種花卉為造型，模子很精細，而且色彩搭配很協調。我自己就批了好幾個，以這樣的做工、材質、上色，23 元人民幣，我覺得還算合理，畢竟我一次沒有批很多

通常西郊大廈檔口標示的飾品價格就是批貨價，只要購買一定數量，就可用批貨價購買

檔口靚女就在走道上理貨

批貨前很重要的兩件事

走進華南國際小商品城，你會驚訝於眼前的上千家飾品店面，肯定讓你看得眼花撩亂。因此去批貨前，最好先做兩件事：第 1，確定自己要批哪些種飾品？第 2，確定自己批貨單品的成本範圍，例如髮夾是要批 20 元人民幣的？還是 5 到 10 元人民幣？

如果能先確定這兩件事情，就算你第一次來批貨，也能節省時間，否則光是一層樓的店面，要細細挑貨，可能半天都逛不完。

每家店內滿滿都是各種飾品，你要擔心的是有沒有時間逛完所有檔口

華南國際小商品城中也有一些少數民族飾品，像是一樓就有幾家是做西藏民族飾品的生意。想批民族飾品的，不必大老遠跑到西藏去

頸飾在台灣比較少見，西郊大廈有很多這類飾品

由於華南國際小商品城所在的大樓是西郊大廈，久而久之，「西郊大廈」也就成為代替華南國際小商品城的代名詞。

在西郊大廈A棟的1至4樓是飾品店家，除了年輕女生喜歡的項鍊、耳環、吊墜、戒指、髮夾、手鍊、手鐲、腳鍊、胸針、鑰匙鍊、手機鍊之外，在3至4樓也有一些適合比較正式場合配戴的 BlingBling 項鍊組，使用的多半是鋯石（Zirconia）或是蘇聯鑽（CZ）。如果需要批這類項鍊組的批貨客，可以到西郊大廈看看。除此之外，銀飾也是西郊大廈的主力商品之一。

鋯石、蘇聯鑽批發的招牌就掛在店門口

項鍊就不用說了，西郊大廈到處都是，所以要挑到好貨並不困難

這裡經常看到國外買家前來批貨

店內也找得到低廉的飾品

這家瑪麗蓮飾品屬熟齡層，胸針很漂亮

而且越往樓上走，店家的坪數越大，檔次越高。在 4 樓可發現不少知名品牌，像紅蘋果就在 4 樓租下滿大的面積，商品擺設也不像 1、2 樓的店家掛得滿滿的。這些知名品牌的產品做工真的很高檔，上色也很細緻。如果是太便宜的飾品，在細節上會做得比較粗糙。但這些高檔飾品都不會有這些問題，當然價格也一定會貴很多。

這裡也找得到純銀首飾批發商

西郊大廈 A 棟 5 樓銷售的都是飾品零配件

西郊大廈 5 樓是配件市場

這家百分百精品的飾品相當不錯，型錄精美，值得一逛

至於整個 5 樓都是飾品配件市場，也就是說組成飾品的所有零配件都可以在 5 樓買到。從鍊子、指環到串珠，各種零配件應有盡有，許多在廣州周邊衛星城鎮的飾品工廠也會到這裡來找零配件。我在這裡就聽到兩個台商正在討論要批多少，才能應付這一批訂單。

有一些個體戶店家會直接上 5 樓批零配件，再回到自己的店面加工。這種操作模式和南韓首爾的東大門批貨區一樣，所有的飾品，從原物料、零配件的選購到加工成商品，都是在同一棟大樓裡就能完成。只是在西郊大廈內較少看到這樣的場面，不過，在海珠廣場的泰康城就隨處可見了。

西郊大廈裡 70%的店面都是工廠直營，實際走訪後發現不少店面的工廠都在浙江義烏，由於不少喊得出名號的品牌在這裡設店，批發價格也是廣州飾品批貨商場中較高的，批發價從幾十元人民幣到上百元都有（換算成新台幣，一件飾品光是成本就要 400 多元，可不算便宜吧！）。如果仔細挑選，可以找到不少品質與做工都很不錯的飾品。根據售貨員透露，廣東不少百貨公司的專櫃也都是到西郊大廈「淘寶」，拿到外頭，價格就漲一倍。

這家檔口滿滿都是鍍金零配件，整間店金光閃閃

有一次我去台北東區的 SOGO 百貨，在地下 1 樓飾品區逛逛。我隨手拿起一個綠色壓克力夾式髮夾，坦白說，外型沒有特別漂亮，而且背後的金屬彈性夾上面都已經有了一層霧霧的氧化物（銷售員有點懶惰喔）。再看看旁邊的價格吊牌，「哇哩咧，新台幣 890 元！」

坦白說，百貨公司至少要抽 3 成，廠商也有營運費用，我估計這個髮夾成本不會超過新台幣 100 元。

但同樣是 100 元的成本，我在華南國際小商品城批到的幾個金屬夾式髮夾，做工與品質比SOGO 看到的那個要精緻太多了。

由於西郊大廈是以批發業務為主，所標的價格大都是批發價，通常店家的批貨條件大同小異，像是批到一定金額或是一定數量（例如一次滿 300 元人民幣或每一款式一次批 3 個以上，顏色不拘）時，就能夠享有批發價，否則如果批購數量沒達到店家的規定，所有的商品就會是以零售價計價，也就是吊牌上的批發價 ×2。因此批貨時，最好先向店家問清楚批貨條件。

這麼多店面集中在兩棟大樓裡，對批貨客來說，好處就是店家的競爭激烈，免不了有重複的商品，因此多問幾家，較容易批到好價錢。

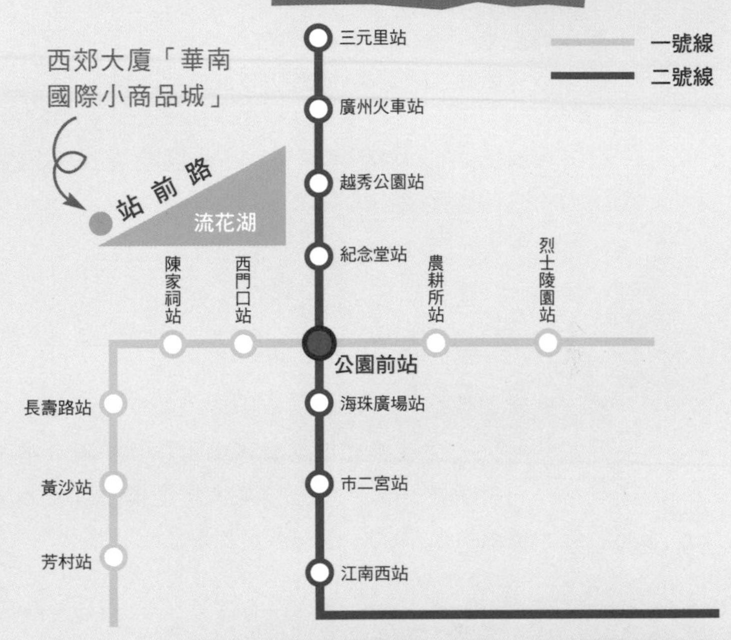

怎麼到西郊大廈？

至於交通方面，西郊大廈位於站前路 2 號，等於是站前路的頭，與站前路另一端的廣州火車站距離快兩公里。

依照我的經驗，步行要 30 分鐘，如果是搭地鐵到廣州火車站再到西郊大廈的話，我並不建議步行，因為如果是夏天，走到西郊大廈大概已經快虛脫了。

而且這段路中間有一段（約 3、4 百公尺）是廣州專門銷售修理各種賭博性電玩的地區，有點龍蛇混雜的感覺，白天走還好，傍晚就要盡量避開了。因此我建議如果從廣州火車站到西郊大廈，最好在廣州火車站的站牌搭公交車較方便，只要坐 4、5 站就能到西郊大廈。那計程車呢？很抱歉，廣州的計程車是僧多粥少，近距離計程車司機是不願意載的。

當然從酒店出門前，最好先看看附近的公交站牌有沒有經過西郊大廈，我在交通篇裡有提到怎樣在廣州搭公交車。

廣州站前路新的飾品批發商場

每次來廣州，都會發現有不少新的商場出現，這次在站前路逛時，發現原本一望無際的站前路變短了，仔細一看，原來是新開了家批發商場。這家商場占據站前路的兩側，中間再以空中走道的方式築起橫跨站前路的三層樓商場，遠遠看起來就像是站前路的路底。

這家批發商場叫「廣州加和飾品城」，我原本對能夠找到新的飾品商場頗為興奮，只是進去之後，發現這家飾品城的進駐廠商還不多。1 ～ 2 樓以帽子檔口為主，到 3 樓可透過空中走道到對面繼續逛，整個空中走道也都是檔口，規畫成太陽眼鏡賣場，廠商進駐得還不算少。想批太陽眼鏡的商家，可以來這裡看看，從站南路的白馬、天馬往站前路走，走到與站前路交叉口時往右轉，大約 300 公尺就能走到了。

泰康城廣場〔泰康仰忠精品批發城〕

泰康城廣場（全名是「泰康仰忠精品批發城」）是廣州另一個重點飾品批發商場，位於廣州重要的批發商圈海珠廣場附近。

泰康城廣場是在 1997 年落成，不過也是從 2000 年開始，泰康城廣場開始吸引從仰忠街流出的商家。

產品包羅萬象，批發價格低

泰康城廣場是典型的住商混合大樓，除了 1 ～ 4 樓是飾品營業樓層外，還有幸運樓海鮮酒家也在同一棟大樓，這在內地是滿普遍的現象。所以這棟大樓匯集了批發商場、寫字樓、餐飲、娛樂業，也就不足為奇了。

泰康城的招牌還沒有幸運樓酒家醒目

泰康路的泰康仰忠精品廣場是另一個飾品批發商場

泰康城廣場的營業樓層為 1 ～ 4 樓，店面總數約 500 家，不像西郊大廈有眾多知名品牌進駐。泰康城廣場大都為小規模的商家所經營，產品包括項鍊、耳環、頭飾、胸針、腰帶、手鐲、串珠、手機飾物等。但感覺上較多中低檔次的產品，價格也較低，批發價格從幾元到幾十元人民幣都有，感覺很多在台灣市場賣的各種飾品，都可以在泰康城廣場看到。

而且此地工廠直營店面較少，也有不少是在這邊開店，然後從廣州周邊市鎮的飾品工廠進貨，甚至在店門口就可看到一些銷售員在進行串珠等加工工作。

有些檔口靚女就在檔口前加工

泰康城廣場的檔口一景

泰康城廣場沒有萬菱廣場大，商品也較雜，要多花些心思找貨

乍看之下，泰康城廣場的產品檔次比西郊大廈有一段差距。但我實地走訪發現，這裡每家店面的產品在設計上並沒有俗到令人無法接受的地步，畢竟一分錢一分貨，現在廣州的飾品工廠非常多，在設計上推陳出新的速度也很快，當然每家店面在貨源上是有重疊的可能性。不過我看了 4 層樓的大部分店家後，覺得在每個店家都能夠找到一些屬於他們自己風格的產品。

另外，除了成品批發外，在泰康城廣場還有一些店家提供較靈活的套組批發銷售。一般的飾品批發都是事先搭配好了，特別是項鍊，通常鍊子與吊墜都是工廠先搭好了，然後掛上吊牌，再套上透明塑膠袋，這樣就是一組。不過，有時候我們看中意的吊墜卻配上一條不喜歡的鍊子，這時候可就天人交戰了。遇上這種情況，我建議直接詢問檔口靚女，看看能不能換自己喜歡的鍊子或吊墜。

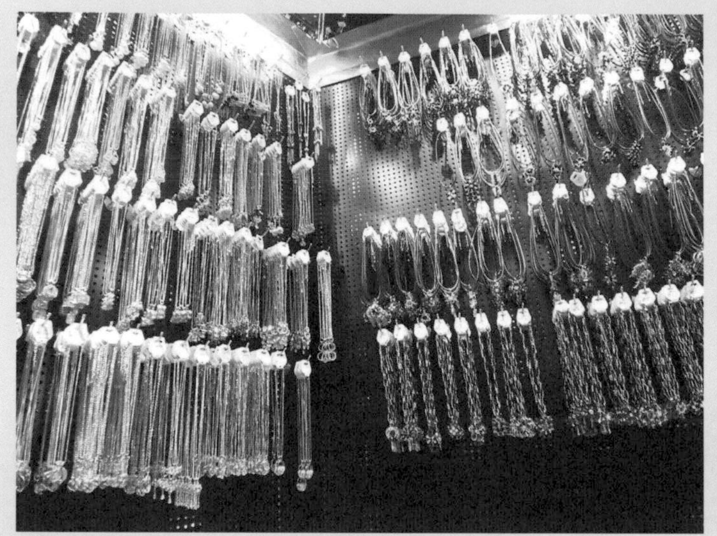

有幾家工廠直營的檔口，產品樣式與品質都不錯

來自歐洲的客戶在店內挑選飾品

在泰康城廣場中的 2 ～ 3 樓，有些店家則是將各種款式的鍊子與吊飾分開陳列，顧客可以依照自己喜歡的鍊子和吊墜交叉搭配，而且也是只要批到一定數量就可以了。這種彈性批貨方式在當地也算少見，對批貨客來說提供了很大的便利性。

憑良心說，沒有人敢說哪個批發商場一定比其他來得好，像很多人就覺得泰康城廣場的檔次沒有西郊大廈或其他地方高。但我覺得如果仔細尋找，泰康城廣場依舊可以找到一些讓人眼睛一亮，而且銷售利潤相當好的商品。這裡的批貨規定與西郊大廈相似，對於想分散貨源的台灣批貨客來說，泰康城廣場很值得去看看。

另外談到泰康城廣場，就必須順道介紹海珠廣場。

只要慢慢找，也能在泰康城廣場找到好貨

海珠廣場

海珠廣場位在珠江北岸的廣州起義路上，在廣場的圓環中央有一座有名的「解放廣州紀念像」。這是一尊高 6 公尺的解放軍石雕像（有點像台灣各縣市在交通要道的圓環上擺尊銅像一樣），只要看到這尊石雕像，就知道已經到了海珠廣場。

海珠廣場圓環

海珠廣場這邊的老房子滿有特色的

海珠廣場周邊有萬菱廣場、一德誼園精品文具批發市場、廣州大都市鞋城、海印繽繽時裝廣場等批發商場。

由於海珠廣場有地鐵二號線經過，加上附近有服飾、飾品、小商品、文具、鞋類、家飾等批發商場，提供批貨客非常方便的批貨服務，也因此成為熱門的批貨站點。

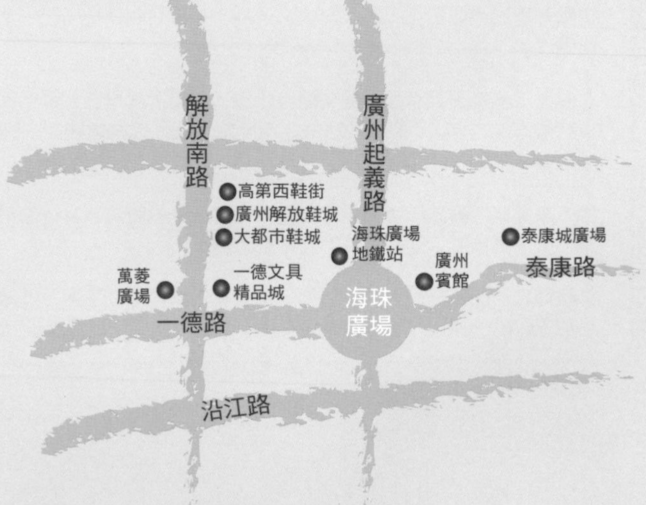

無名英雄紀念碑

海珠廣場是另一個批發中心，搭地鐵可達

海珠廣場地鐵出口標示較清楚，不會走錯路的

海珠廣場的地標：無名英雄紀念碑，後面是廣州賓館

廣州的飾品、小商品批發市場，發跡於仰忠街

提到廣州的飾品、小商品批發的歷史，最早可以從仰忠路談起。

1980 年代，廣州算是開改革開放風氣之先，最早的服裝批發市場從高第街開始。當大家知道原來布料有這麼多種顏色與變化，原來女生紮頭髮不是只有蝴蝶結而已，一下子高第街就變成全中國聞名的服裝批發市場了。

有服裝成品就需要有配套的零配件市場，仰忠街就是因此緣由而興起的。由於靠近高第街，受惠於高第街火紅的服裝市場，仰忠街從 1983 年開始逐漸形成銷售鈕釦、胸針、胸花、絲巾扣之類服裝配件為主的批發市場。

接下來幾年，仰忠街逐漸調整經營方向，成為當時廣州唯一的精品批發市場，甚至還被廣州市政府指定為廣州旅遊購物點，就知道仰忠街有多出名了。

當時仰忠街的每一條巷弄和民房，都被拿來當成家庭工廠，就像台灣早期推廣的「客廳即工廠」這種小商品加工政策一樣，只是仰忠街的規模、熱度與密度，都超越了當時的台灣。

其實，其他小商品批發商場也有做飾品批發的店家，像是萬菱廣場、一德誼園精品文具批發市場也都有批發飾品的店家。但總是沒有西郊大廈、泰康城廣場那麼集中。因此，我會在家飾、小商品、鐘錶批發商場篇中介紹這些商場。

海珠廣場旁的酒家，自己一人去看貨當然不會去這種地方吃飯了

不可避免的，隨著產業的發展日益蓬勃，這種家庭工廠式的低檔次產業模式，逐漸無法滿足廣州飾品市場的發展。

到了 1990 年代，外敵出現了！浙江義烏的平地崛起，搶奪了廣州「最大飾品批發市場」的桂冠。雖然廣州還是時尚飾品的重鎮，但廣州如果想要和義烏分庭抗禮，就不可能只靠仰忠街這塊彈丸之地。

進入 2000 年，仰忠街精品市場正式吹起熄燈號，原本在仰忠街經營的商家則開始轉戰他處（你不覺得這種發展經歷和台北市西門町的中華商場商圈很像嗎？）。

同時位於萬福路的「珠光仰忠精品批發商場」開始招商，接著「華南國際小商品城」在站前路的西郊大廈開張，「泰康仰忠精品市場」（泰康城廣場）也在附近的泰康路開始營業。這些大型的飾品批發市場一一開張營業後，當年仰忠街喧鬧的交易盛況開始改頭換面，朝現代化批發市場發展。

雖然仰忠街的風華不再，當時的老店家也都四散在新建的飾品批發商場，不過基本上廣州的飾品批發市場還是沒有脫離仰忠街的範圍，就圍繞著泰康路、珠光路和湛塘路這一圈。唯一離這一區較遠的就是西郊大廈的「華南國際小商品城」，不過，也屬它的規模最大。

荔灣廣場商圈

如果說西郊大廈、泰康城廣場是人造飾品的批發商場，那麼想要批水晶、玉石、琥珀、珍珠之類的半寶石飾品，就得到荔灣廣場商圈去挖寶了。

想要批水晶或是玉等各種寶石，就到荔灣廣場，搭到長壽路站後，再走 10 分鐘即達

看到這樣兩層樓的老房子，就表示快到荔灣廣場了

順著康王南路往南走 10 分鐘，就可到廣州另一個熱鬧的購物街上下九路

整個荔灣廣場商圈，包括荔灣廣場、華林玉器廣場、華林國際這三棟建物。1997 年開業的荔灣廣場非常龐大，光是荔灣廣場主建物店鋪就有 4,000 多家，經營半寶石貿易的有近 2,000 家。

荔灣廣場位在康王南路上，是一棟長條型的大型建築，一端臨廣州有名的消費休閒區「上下九步行街」。上下九步行街是廣州第一條步行街，也是廣州所謂的「老八區」(即舊城區) 最熱鬧的商業區。

荔灣廣場的大門之一在上下九路，但其他地方也有入口

長壽西路與康王南路交叉口，對面就是荔灣廣場

廣州人常去逛街購物的地方不是到北京路，就是上下九路。不過，對追求時髦，又有點錢的廣州白領上班族來說，他們寧可到北京路購物。他們認為上下九路是廣州中下階層打工仔購物的地方（我不怎麼認同這種論調，如果硬要比擬，上下九路步行街就像是台北的西門町，北京路步行街可能較接近信義計畫區的感覺）。

廣州上下九路就像台北的西門町，這樣說比較容易想像

上下九路也是規畫成步行區

上下九路一景

西安特色工藝品也在上下九路設攤

上下九路步行街的靜謐早晨

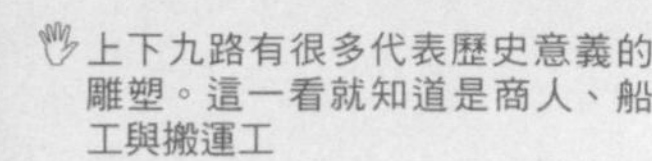

上下九路有很多代表歷史意義的雕塑。這一看就知道是商人、船工與搬運工

好了，扯遠了，我們再回來講荔灣廣場。荔灣廣場的商品種類繁多，包括天然半寶石、天然加工寶石，及合成寶石。天然半寶石包括水晶、綠松石、瑪瑙、紅寶石、藍寶石、珊瑚、石榴石、琥珀、孔雀石、珍珠、珍珠等；天然加色寶石則包括染色及改色寶石。

荔灣廣場的北邊就是半寶石批發商場

荔灣廣場購物商場一景

荔灣廣場是華南最大的半寶石批發中心

荔灣廣場的南棟靠近上下九路，因此是 Shopping Mall，是給一般消費者購物的地方；中段一直到靠長壽路的北棟才是半寶石批發商場。

荔灣廣場內除了來自江蘇、湖北、貴州、河南、潮汕地區、浙江、河北、福建和遼寧等地的內地店家之外，還包括來自新加坡、香港、台灣、韓國、緬甸、印度、波蘭的海外供應商。客戶除了中、港、台之外，還有美國、歐洲、俄羅斯、非洲和新加坡、日本、印度等買家。

荔灣廣場的南邊是一般的購物商場

華林國際廣場也是玉器珠寶批發商場

荔灣廣場和華林玉器廣場隔著康王南路遙遙相望，華林國際則是在荔灣廣場的斜對面，在華林玉器廣場這一面的長壽路從東向西綿延著許多半寶石及金屬飾品的店家，只要從長壽路地鐵站往東走 5 分鐘，就可以看到這些店家了。

華林玉器廣場一景

華林玉器街旁都是這類像台北光華商場玉器街的攤商

東南亞規模最大的半寶石批發市場

荔灣廣場商圈的批發商品和西郊大廈不同，這裡從 2001 年開始形成專業半寶石交易市場，現在已經發展成東南亞規模最大的半寶石商品專業批發市場，光是荔灣廣場的商場樓層面積就超過 15,000 坪。至於華林玉器廣場則是以玉石為主的批發商場，僅有少數店家經營珍珠批發。

華林玉器廣場邊的玉器批發檔口

荔灣廣場對面的華林玉器廣場是以硬玉和軟玉為主的批發商場

荔灣廣場的批貨客

荔灣廣場中，堆得滿滿綠松石的批發檔口

荔灣廣場商圈除了成品批發之外，還有許多店面經營半成品或原石批發，不少台灣商家都來批半成品或原石回台灣加工。

在荔灣廣場裡，每個店家幾乎都塞滿了各種半寶石，看了都覺得恐怖。很多湖北來的綠松石，都是一包包堆在店門，玻璃櫃裡也擺滿了琥珀，當然囉，水晶也是荔灣廣場非常多的商品。

不過坦白說，這裡的半寶石還是以中低檔半寶石為主，畢竟這裡是「半寶石」的批發重鎮，不是鑽石或寶石（紅、藍寶石之類）的批發中心（當然還是有，只是相對要少很多）。

長壽西路上的綠松石加工廠，門口擺著一桶桶的綠松石

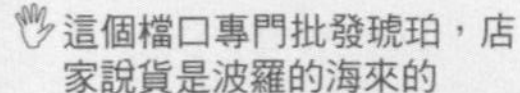

這個檔口專門批發琥珀，店家說貨是波羅的海來的

這家是專門批發水晶的檔口

水晶非常多

在荔灣廣場，透明水晶非常多，而染色的水晶也是以透明水晶為基底去染的，茶水晶就是一例。

台灣人一直很喜愛水晶，因為越來越多人相信水晶能改變磁場。在家裡或店裡擺設紫水晶能招財，個人配戴不同種類的水晶也能調整體質或運勢，加上水晶價格相對不貴，因此也就成為大家的最愛。

不過，水晶的成分差異大，價格也會相差很多，這也是為什麼做這一行的人常常是家學淵源。如果是半路出家，通常或多或少都要繳一筆學費，才會慢慢學到如何分辨真偽。

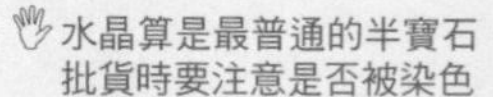

水晶算是最普通的半寶石，批貨時要注意是否被染色

荔灣廣場的店家這麼多，品質與價格分類大，建議最好先在台灣學學寶石鑑別的基本常識（我本身拿有美國寶石學院 GIA 的寶石鑑定士 GG 證書，但如果沒有十倍鏡，我也不敢隨便對任何寶石亂下斷言）。如果能找到資深的同業一起去批貨，則是最好不過了。

另外，在荔灣廣場的北棟和南棟之間有個由三層樓環形建築所圍成的圓形中庭，一樓幾乎都是首飾配件之類的檔口，如果想找首飾五金、包裝盒等相關的配件都可到這邊看看。

客戶正在檔口挑貨

飾品 半寶石

在荔灣廣場商圈旁通往長壽路地鐵站的長壽路上，200～300公尺長的街道兩旁，樓房都是家庭作坊式的半寶石加工廠。這些加工廠也兼銷售，如果是搭地鐵前往荔灣廣場，也可順道看看。

荔灣廣場除了大商場之外，周邊還有很多小店都是做半寶石批發

想批發玉飾，至少要懂A貨、B貨

每個檔口幾乎都堆滿貨，等著客戶上門

兩家檔口分租一個店面，一邊賣琥珀，一邊賣綠松石

荔灣廣場較少批發飾品成品

和大陸不少知名飾品品牌不同的是，大陸的半寶石市場並沒有什麼大品牌，加上半寶石的專業門檻高，各種半寶石加工技術推陳出新，從最簡單的染色水晶到玉石的 A、B 貨夾雜，辨別不易。如果沒有專業知識最好不要貿然投入半寶石飾品市場，但如果真的想做半寶石飾品的生意，至少要來一趟荔灣廣場商圈看貨。

荔灣廣場 1-5 樓都是半寶石批發檔口，要一天逛完會很累

荔灣廣場外圍也都是批發檔口

這家半寶石檔口的水晶都超大顆

如何去荔灣廣場？

要前往荔灣廣場，最方便的交通還是搭地鐵。首先搭地鐵一號線（黃色線）到長壽路站，到了長壽路站下車後，距離荔灣廣場還有 300 ～ 400 公尺，可不要以為地鐵站旁的那些商場就是。

從 B 出口出地鐵站後，你會發現身處一個很大的廣場，還會看到「華林商業廣場」等商場，你可能會以為這就是荔灣廣場，其實都不是（還有 300 ～ 400 公尺呢）。首先你會看到一個丁字路口，南北向的是寶華路，東西向的就是長壽路了。看一下路標，或者找人問一下，就知道哪一條是長壽路。然後順著長壽路一直往東走，會再遇到一條南北向的文昌南路，穿過文昌南路後的長壽路兩側，就是前述家庭作坊式的半寶石加工廠兼店面了，你一定不會認錯路的。

再往前走不到 10 分鐘，你就會發現眼前豁然開朗，橫在前面的就是康王中路了。左手邊是華林國際，右手邊是華林玉器廣場，兩點鐘方向那一排建築物就是荔灣廣場。

如果從長壽路右轉進康王中路，再走 10 分鐘就可以到熱鬧的上下九路步行區。如果還有時間，也可走到廣州熱鬧的購物區看看，感受一下不同於台灣的購物氣氛。

這是地鐵長壽西路站出來的廣場，這裡可不是荔灣廣場，別搞錯了

華林國際廣場入口

畫面左邊是荔灣廣場，右邊是華林玉器廣場

從荔灣廣場看對面的華林玉器廣場

13

家飾、禮品、精品鐘錶 批貨篇

萬菱廣場的商品種類可說無奇不有，對於要批這類型商品的台灣批貨客來說，絕對是重點商場。

萬菱廣場

廣州真是個什麼商品都找得到批發商場的城市，不僅流行服飾、皮件、鞋類、飾品、半寶石，甚至連汽機車改裝的工具機都有個別的商場。因此像家庭裝飾品、文具、玩具、鐘錶等小商場，當然也有專門的批發商場。

不過，家庭裝飾、文具、玩具、禮品、精品等產品不像流行服飾、皮件、鞋類、飾品、半寶石等產品那麼多廠商投入，而且從台灣的市場就可看出文具與玩具向來是分不開的，家庭裝飾賣場中也賣很多小商品。因此在廣州很多銷售這些商品的檔口，都聚集在同一個批發商場內，這樣也讓批貨客能夠一次看多一些商品。

萬菱廣場的商品包羅萬象

禮品批發的集中地

萬菱廣場位在離海珠廣場地鐵站很近的解放南路和一德路交叉口附近。從地鐵二號線海珠廣場站出來後，只要順著一德路往東走約 200 公尺，看到有高架道路時，就已經走到解放南路了，往右前方看，就可以看到一棟很高的大樓，那就是萬菱廣場。由於地理位置的便利，現在的萬菱廣場已經成為廣州家飾、精品、禮品等小商品批發的基地。2009 年，萬菱廣場旁邊的藝景園因為都市景觀而拆除，所有廠商都「開枝散葉」地遷到萬菱廣場附近的馬路店面，使得萬菱廣場的地位更為鞏固。

海珠廣場商圈

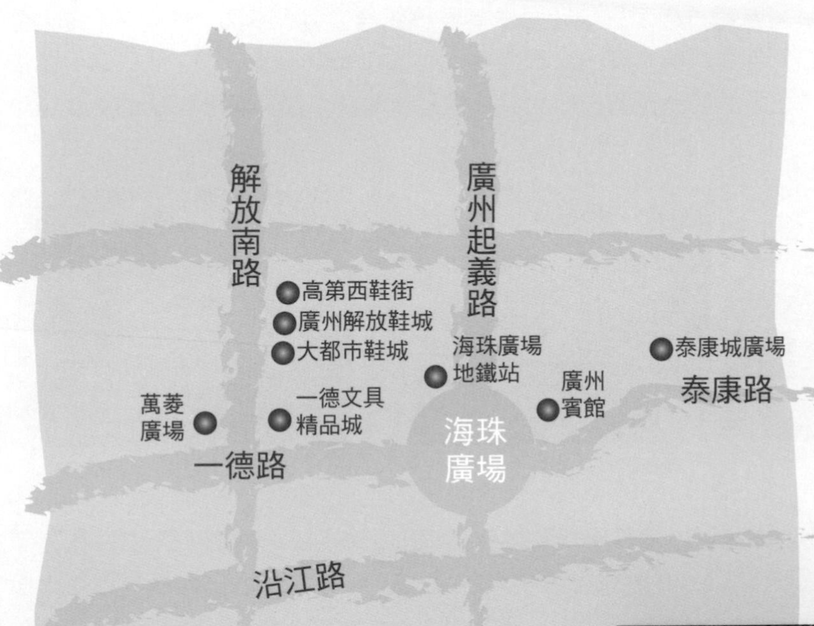

萬菱廣場大樓可說是廣州珠江北岸沿線最具代表性的超高商業大樓，從地下 1 樓到地上 6 樓都是家飾、精品、禮品、玩具的批發檔口。10 樓是會展中心，11 到 37 樓則為寫字樓，可說是集合了批發、展售、會展三大功能的大型現代化商業中心。如果是去批貨的話，只要從地下一樓逛到地上 6 樓就夠了，不過，總共有 1,000 多家檔口，能夠一天逛完也是夠厲害了。

萬菱廣場是海珠廣場商圈另一個重要的批發商城

萬菱廣場的建物中間有中庭，所有的檔口則圍繞著中庭，並利用電扶梯連接各樓層。這種樓層設計和台北世貿展覽館一樣，只是裡面還有很多通道，小心不要迷路了。1 樓集合了不少文具、禮品檔口。各種想像得到的文具都可以在這裡找到，筆記本、原子筆、各種計算機、各種卡通玩偶造型的商品應有盡有。另外像是帆布袋，以及各種樣式的手提袋也可以在這裡找到。

填充玩具從小到大都有

還有專賣包裝提袋的檔口

有些檔口把商品擺在玻璃櫥窗供客戶欣賞

2 樓則有許多玩具批發檔口，3、4 樓可找到禮品、藝品、飾品等小商品，5、6 樓則是家庭飾品、家庭用布製品的檔口。雖然說可這樣大致區分，但實際上檔口與產品實在太多了，很難這樣嚴格區分。

也有些檔口是什麼都有賣

萬菱廣場的中庭，1 樓以文具禮品居多

應該這樣說吧，不管你想要找西式或中式商品，小到打火機、鑰匙圈，大到幾乎是一個人的身高、雕工精細、有個銅製大喇叭的 CD 播放機，都可以在萬菱廣場找到，堪稱是無所不包。

萬菱廣場的商品以較小件的禮品精品為主

連這裡也找得到 Zippo 打火機

這裡也有這些大件的家飾商品

要批貨就要努力看貨，才有機會淘到寶

尋寶要有耐心

在這裡尋寶要非常有耐心，我知道有很多台灣批貨客往往逛到 4 樓就不想繼續了，特別是男生，逛到這裡就想溜到樓下去抽菸。我誠心建議，既然大老遠跑一趟，就應該仔細看一遍這些批發商場，並留下感興趣的檔口資料。這樣下次來才有多餘時間去開發新的供應商。

我也觀察到一點，由於廣東是傳統產業的生產基地，很多產品都是外銷到歐美等地，因此在廣州可以看到很多在台灣看不到的商品。

當然也有這些在台灣都見過的商品

當地廠商將絨毛玩具與機械相結合，開發出一個叫「呼吸貓」的玩偶。廠商在小貓玩偶的肚子裡安裝機械裝置，裝好電池並打開開關後，玩偶貓的肚子就會一呼一吸。

絨毛做的貓咪玩偶已經夠像了，肚子還會一動一動的，活脫像一隻正在睡覺的貓。這樣栩栩如生的貓咪玩偶，我還是第一次看到。

木製品

另外，有些人特別喜歡木製品，在萬菱廣場也能找到全部都是生產木製商品的檔口。從木製鑰匙圈到木製筆盒、木製相框、木製信箱，到木製迷你撞球檯都有。就我看到的，這些商品在外觀上都沒有問題，唯一我不懂的就是木頭材質了，有興趣的人可事先做好功課再去看看。

萬菱廣場5、6樓的家庭飾品檔口倒是滿值得批貨客去尋寶的。這裡的檔口銷售許多中型或大型的飾品，特別是木製品也做得非常歐式，有些木製家飾品還帶有埃及與兩河流域文化的特色，另外也有大型藤製吊椅，不管是配色、做工都很高檔。

絨毛玩具

另外，不管是小女生還是熟女都很喜愛的絨毛玩偶，也可以在萬菱廣場找到。我記得3或4樓就有2～3家專營絨毛玩偶批發的檔口。

通常這些檔口本身都有工廠，也經銷合作廠商的產品，因此種類與大小應有盡有。有些絨毛玩偶的手機吊飾的批發價格在3～5元人民幣左右，當然還是要視產品品質而定。

另外，大型的絨毛玩偶是許多美眉閨房的必備玩具，這裡也都找得到。在批這些大型絨毛玩偶時，記得要細看玩偶的零配件，像是眼睛、嘴巴的材料、縫線，以及衣服、鞋子的縫線車工，都是大型玩偶在零售市場是否值得那個價錢的關鍵。

萬菱廣場內的填充玩具檔口

遙控玩具

至於玩具方面，除了像樂高這種可拆解組合的玩具之外，萬菱廣場也是遙控玩具的大本營，像是遙控賽車、飛機、遊艇肯定在這裡找得到賣家之外，在 3 樓還有幾家專門批發大型玩具的檔口，比如照片中這家玩具檔口，還有批發幾乎是實車 1/3 大小的玩具摩托車。像這類的玩具都是台灣市場上較少見的商品，有些則是毛利較高的遙控類玩具，有興趣的批貨客可到這裡逛逛。

還有，我也在萬菱廣場看到不少整合不同工藝技術的裝飾品，有幾家專門做錫雕的工廠檔口，他們的產品多以歐美文化為主，顯然有不少是外銷到歐美國家。這些錫雕家飾品的批發價格當然較高，但很適合想要走較高檔家飾市場的台灣店家，鎖定為一部分的商品。

除了錫雕之外，我還看到將陶瓷與木器結合的家飾品，這類的家飾品有平面的，也有立體的。根據店家表示，他們也接受訂製的訂單，不過最低訂購數量我倒是忘了問，真是對不起大家。

遙控玩具也可在萬菱廣場找到

各式各樣的報時音樂盒

珠寶音樂盒

我在這裡看到一家專門產銷各種造型音樂盒的檔口，這裡的音樂盒可大致分成珠寶音樂盒、報時音樂盒兩種。

珠寶音樂盒和一般我們常見的音樂盒造型很像，至於報時音樂盒的外觀設計就有很多變化了：有傳統的立式報時音樂盒，甚至還有風車燈塔型的報時音樂盒。不過就我所看的，這些商品都不是木製品，而是塑膠射出後，再上漆加工的，內部的修邊做得較差，有興趣的人可考慮批貨成本與品質是否值得批回台灣銷售，這還是得自己到現場看了才知道。

鍍金的雕飾

至於巴洛克風格，或是法國凡爾賽宮那種精雕繁複的陶瓷器皿，也可以在這裡找到。我以前在台北曾買了一個水晶花瓶，用了不少錫和水鑽裝飾，美是很美，不過當時的零售價實在很貴，好像要新台幣1萬2千元吧。

這個檔口的產品很不錯，而且也是批發。我看到的不只水晶玻璃花器，也看到很多鍍金的雕飾或器皿，有的可拿來當花器或水果盆，有的則是純裝飾，例如瓷器的天鵝再烤上金漆，擺在家中真是價值非凡。如果資金夠，又想要走高檔的家飾市場的話，建議來這邊看看。

陶藝品

另外，中式的陶藝品也是萬菱廣場家飾區的主力商品之一。陶藝品的種類多以花瓶、花盆、雕塑為主，通常做中式陶藝品批發的檔口，有些會兼著賣藤器，也有些會兼賣乾燥花之類的藝品。

陶藝品也是萬菱廣場的主力商品

除了陶藝品之外，這裡還有一家專門賣罐裝魔豆的檔口，只要把易開罐的拉環拉開，再加點水，它就會長出各種植物。

稀奇小玩意

這家檔口賣的魔豆除了罐裝之外，也有做成蛋殼狀的，或以小玻璃試管為容器，做成各種魔豆商品。這裡的魔豆種類很多，除了花店常見的各種小型花，還有像番茄花、草莓花、牽牛花、波斯菊、五彩辣椒花、薰衣草等，另外也有葉子上會出現 I love You 字樣的魔豆植物，算是很多元化的魔豆產品。

也有抱枕、踏墊之類的家飾檔口

我在萬菱廣場還看過店家的各種裝飾品，有一次世界大戰的雙翼飛機、蒸汽火車頭、英國倫敦雙層公車、福斯麵包車、哈雷重型機車等模型，甚至半人高或一人高的英國郵筒。還有另一家店則是專賣遊艇、帆船、救生圈、舵輪，甚至可愛的燈塔，我猜想台灣許多店家的裝飾品肯定都是從這裡來的。所以，到廣州不去逛逛萬菱廣場實在太可惜了。

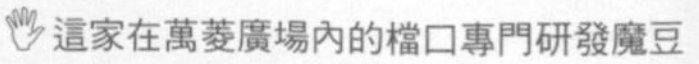

這家在萬菱廣場內的檔口專門研發魔豆

當然像地毯、掛毯、抱枕、蕾絲布、床單、窗簾等家飾布品，也是萬菱廣場一定會有的商品。記得去的時候到 5、6 樓找找看，那裡有幾家檔次不錯的家飾品檔口。可惜我的相機在虎門被扒，痛失了許多在萬菱廣場拍的珍貴照片。

這趟到萬菱廣場考察，我發現它的商品越來越好，有不少創意或有趣的商品。雖然格局並沒有大幅改變，廠商倒是不斷調整，過去有些生產粗俗產品的廠商已不復見，各個檔口展售的都是各具特色或是品質較高、組裝較精細的產品。其中有一家新檔口，我認為賣的算是「療傷系商品」，像是迷你摩天輪，或是非常有特色的旋轉木馬等。

旋轉木馬是我最喜歡的商品之一，這家檔口的旋轉木馬主要是代工外銷，但也做內需市場。這種縮小版的旋轉木馬只要做工精細點，其實是很有賣點的。

我還在 3 或 4 樓看到一個專賣京劇玩偶的檔口，生旦淨末丑等角色的 Q 版人形玩偶大約 20 公分高，很有台灣人的設計感，我相信這樣的文創商品台灣也能做。但對沒有設計能力的創業者來說，如果想做這類的觀光財，其實可以到廣東來尋找這類型商品，相信也能組成一個獨具特色的店家。

每年都會開發出不同的新商品，這是前兩年挺熱門的小型旋轉木馬

此外，萬菱廣場每個樓層靠電扶梯的通道旁，還有專門展示重點產品的櫥櫃，裡面我也看到很像我在松山文創園區看到的廚具商品，造型、品質都不差。總之，這裡的商品種類可說是無奇不有，對於要批這類型商品的台灣批貨客來說，萬菱廣場絕對是重點商場。

造型可愛的京劇娃娃

廣州站西路鐘錶批發商城

看到這裡，我們已經介紹過好多次站西路了，不過要介紹鐘錶批發商場時，又得再介紹站西路一次。

站西路周邊已經形成了一個龐大的專業批發交易商圈，其中聚集了鞋業、服裝、鐘錶 3 大類專業商場。

如果以鐘錶來看，廣州已經是中國最大的鐘錶交易中心了，而全部又集中在站西路上。這裡總共集結了南方鐘錶交易中心、站西鐘錶城、站西九龍錶行、新東方錶城、南方鐘錶城、旺角國際鐘錶城、新九龍鐘錶行、三一國際鐘錶城等大型鐘錶批發商場。

三一鐘錶城的對面就是站西鐘錶城和九龍鐘錶行

站南路與站西路交叉口就有好幾家鐘錶城

根據站西路商家估計，至少有 2,000 多商家在經營鐘錶及零配件，他們是來自全國各地的鐘錶廠家，其中有許多國內和國外知名鐘錶廠家。

其實只要問去過廣東出差考察的人都知道，經過深圳時都會順道去羅湖商業城買隻仿的手錶。我自己也去逛過，也買了一隻帶回來玩玩。但是比起廣州站西路的鐘錶批發商圈，羅湖商業城的鐘錶商場規模實在是差了一大截。

站西的鐘錶批發商圈始於 1986 年，早期還是銷售打火機、手錶等各種雜貨的賣場，直到 1990 年代才開始轉型，九龍錶行就是第一家轉型為專業鐘錶交易的市場。接下來則是新東方錶城，並開始吸引鐘錶配件（錶殼、錶面跟錶帶）廠商進駐。於是，一開始以鐘錶成品銷售批發為主的商圈，逐漸形成另一批配件批發的市場，彼此互相拉抬，帶動了站西路鐘錶批發商圈的興盛。

這裡免不了會看到仿名牌手錶

廣州站西路的鐘錶城一景

南方鐘錶城、站西鐘錶城規模最大

目前站西路的鐘錶批發商場中，以南方鐘錶城與站西鐘錶城的規模較大。南方鐘錶城目前約有 400 多家廠商設有檔口，經營鐘錶成品和配件；站西鐘錶城則有 200 多個檔口。

根據廣州商業公會的調查統計，目前站西鐘錶批發商圈的顧客已經從原本廣東的店家，擴張到大陸各省、香港、台灣，以及韓國、泰國、越南、印度、巴基斯坦、東非、墨西哥、俄羅斯等地。

仍有仿冒商品

講到鐘錶，不可否認就和服裝一樣，會有仿冒品的出現。站西路的鐘錶批發商圈一樣也找得到和勞力士、江詩丹頓等各種名牌很像的商品，而這些仿冒品的價格有高有低，低價的仿冒品在錶殼材質上一看就知。不過，我在這裡也看到品質極佳的勞力士潛水錶，零售價格我就不説了，畢竟這是違法的。

除了各地都有的仿冒品之外，台灣服飾賣家也會到這裡來批各款造型手錶，以搭配在站西路外貿服裝商場或其他批發商圈所批的服裝。

目前中國政府不斷宣示打擊仿冒，確實北京中央下令各省市要嚴打仿冒，只不過我們也知道，上有政策下有對策。台灣政府三申五令在抓軟體盜版，但就在距離總統府和行政院不到 5 公里的台北市八德路，各種「泡麵」還不是大白天明目張膽地在賣？更何況大陸這麼大，北京中央各種政令能否徹底執行，實在也令人懷疑。

例如，有次我在三一鐘錶城看到各個檔口的售貨員不約而同拿著紙板蓋在玻璃櫃內的手錶上，又過了幾分鐘，就看到兩個公安從外頭走進來繞一圈又離開，這種情形和在台灣的抓盜版不是像極了嗎？

嗯……各種名牌手錶

廣州的家飾、精品、禮品、文具及鐘錶集中在廣州火車站附近的站西路、站南路和環市中路上，以及海珠廣場附近，交通非常便利。只是每個人的客層與對商品的敏鋭度都不一樣，我有我的看法，你也有你的眼光，只要找得到這些批發商場，相信一定能找到適合自己生意的商品。

到廣州批貨，除了尋找有特色、有潛力的商品外，我覺得另一個最大的好處，就是每次來都可以發現突然又冒出幾家將原本很傳統單純的產品融合其他元素後，開發出極具獨特風格的商品，這往往是批貨之外的另一種驚喜。

買家們正在試戴各種新款手錶

廣州人民中路眼鏡批發商場

我曾跟台灣知名的網路業者 172 巷鞋鋪的創辦人賴金宏談過他的創業歷程，他曾因理念不合而與合夥人拆夥。結束那次創業後，他隻身到廣東考察市場，並批了九十幾支眼鏡回來，結果一夜就賣光了，隔天他就跑回廣東開始他的批貨生涯。

所以廣東也有眼鏡批發商場囉？那當然，而且廣州就有。我這趟特別去找了廣州的眼鏡批發商場，讓想批眼鏡來賣的創業家也能有貨源。

台灣基本上就是個眼鏡王國，不光是近視族群多，眼鏡的角色也早從矯正視力轉型成追求流行時尚的「潮」配件了，就像手錶一樣。

過去眼鏡業一直是個不透明、高利潤的行業，主要是鏡片、鏡架的生產商與經銷商各自掌控利潤，而太陽眼鏡又添加了品牌利潤在裡面。所以早期時，一副眼鏡的標價可以高達台幣 6 千元，但店家真正的報價可能是對半，如果再砍一下，真正成交價格可能是標價的 1/3。鏡片情況可能比鏡架好一些，但也差不了太多，如果是太陽眼鏡，那利潤可能又比一般近視眼鏡來得好。所以，過去我們才會説眼鏡業是暴利行業，即使現在價格比過去透明，但只要選對通路，眼鏡（特別是太陽眼鏡）還是個高利潤的行業。

廣州的眼鏡批發商場有各種眼鏡可挑選

廣州的眼鏡批發商圈集中在地鐵一號線西門口站旁的人民中路上，搭地鐵一號線到西門口站後走 A 出口，A 出口的一樓是 TESCO 及肯德基，不容易認錯。A 出口正前方是中山六路，出了 A 出口後向左轉走到十字路口，橫向的就是人民中路，再左轉就很快到人民中路的眼鏡批發商圈了。人民中路號稱眼鏡城的大小商家有十幾個，但主要的還是越和國際眼鏡城、廣州眼鏡城和信江眼鏡城這 3 家。除了這 3 家眼鏡批發商場外，人民中路還散布著許多獨立的眼鏡店鋪，算起來，整個人民中路的眼鏡檔口就有八、九百家之譜。

1990 年代之前，人民中路還沒有形成眼鏡批發商圈，在原本是幸運樓酒家的店鋪改成越和眼鏡城後，才紛紛出現其他的眼鏡城，目前還在往一德路方向發展。這也讓廣州與北京、江蘇的丹陽成為大陸三大眼鏡批發市場，根據大陸的眼鏡產業研究資料，全大陸眼鏡市場中，40% 以上的產品都來自廣州，光是人民中路的眼鏡批發商圈一年的營業額就超過人民幣 100 億！

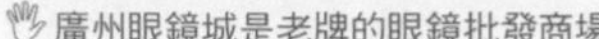
廣州眼鏡城是老牌的眼鏡批發商場

越和國際眼鏡城的檔口

很多檔口都只做外銷，所以有些檔口靚女都能用英語跟外籍客戶溝通，也因為外銷生意利潤不錯，這幾年也吸引了大陸各地的眼鏡商來這裡開店。還有不少來自非洲的商人過去是做服裝生意的，後來決定改行做眼鏡生意。他們說，廣東的太陽眼鏡物美價廉，在北非銷售得非常好，已經在非洲打開市場了（比起摩洛哥、突尼斯，廣東生產的太陽眼鏡要便宜 1/3，且款式新穎）。

人民中路的眼鏡批發商圈，各式眼鏡都有。基本上，批發價的起批數量為 20 支，我看上的鏡架批發價格為人民幣 45 元，還有機會再壓低一點。眼鏡體積小、重量輕、利潤又比服裝要好，其實很適合來廣州看看，有的檔口會在店門口掛著「只批發不零售」的告示牌，其實也很方便批貨客，省得多費唇舌。不過要批眼鏡之前，最好事先做好功課，了解一下台灣眼鏡的流行款式與零售價，才不會批到沒利潤或過時的商品回來。

廣州眼鏡城

廣州眼鏡城共有 5 樓，1 樓、2 樓主要經營鏡片和鏡架，3 樓經營眼鏡的輔助產品，比如眼鏡盒，眼鏡布等，4 樓主要經營進口和國產的配鏡機及其他原料，5 樓則是眼鏡倉庫。整個廣州眼鏡城從鏡架、鏡片、配件、機械設備、驗光配鏡、加工等一應俱全，眼鏡城內至少有 500 個國內外品牌。（地址：廣州市人民中路 260 號）

廣州信江眼鏡城

不同於傳統自然形成的批發商場，信江眼鏡城是由廣州信江貿易有限公司投資開發，也由於它的成立，才讓人民中路的眼鏡批發商圈有了較具規模的趨勢，並讓廣州有機會跟北京、丹陽眼鏡批發市場一較長短。信江眼鏡城也是 5 個樓層，目前大概有將近 200 家檔口進駐。（地址：廣州市人民中路 250 號）

廣州越和（國際）眼鏡城

這個後起之秀是由市場開發商越和投資管理集團投資開發的，總共有 6 個樓層，已經有超過 200 家廠商進駐。正因為它是由地產商所開發的，特地請專家設計過，環境更寬闊、舒適、悠閒。（地址：廣州市人民中路 322 號）

14

疑難雜症 FAQ

疑難雜症 FAQ

當初我會撰寫本書的目的，就是希望有心跨海批貨的台灣賣家，能夠在出發前對廣東當地的批發商場有初步認識。不過，批貨過程會發生的問題千奇百怪，有些問題也很難歸類。因此，我特地整理出新手賣家面對跨海批貨這件事，最常問的問題。

Q1

我打算從大陸進一批服飾，銷售管道是網拍，但我不打算過去大陸批貨，這樣子可以嗎？

其實每種生意都有人做，現在上網可以找到很多標榜買家不用到大陸，只要訂貨就可以輕鬆做生意的業者。但我總認為，想在競爭激烈的台灣服飾市場走出一條路，一定要有自己的風格。如果以此為前提，你必然得走一趟生產基地，看看當地的交易方式，多認識一些檔口或工廠，這對你應該都是有利無害的。

現在有不少台灣業者直接透過淘寶網批貨，這其實完全看自己的接受程度。但不管是哪種產品，有時眼見為憑，網頁上的照片跟實品多少會有差異，這也是為何所有的購物網站都會附加「產品照片僅供參考，顏色僅供參考」這類說明。

此外，購物網站提供的服裝款式有限，比不上到廣東批發商場能見到的款式數量，再說只在台灣拿貨，你拿得到，別人也拿得到，到時候會不會又變成價格競爭呢？如果只是想走短線，去不去廣東批貨就無所謂，但真有心想從事服飾業，跑一趟廣東對你投入服飾業會有很大幫助的。

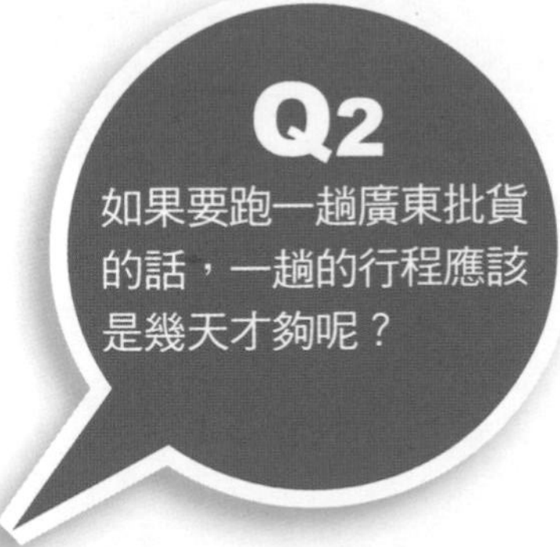

Q2
如果要跑一趟廣東批貨的話，一趟的行程應該是幾天才夠呢？

我覺得，如果決定要跑一趟廣東，就要先想清楚，第一趟去的主要目的是考察還是批貨？的確，每個人的想法都不一樣，就我的觀點，4 到 5 天是很正常的天數。

主要是因為交通比較耗時，通常

第 1 天就耗在搭飛機與搭車上，第 2、3、4 天在虎門及廣州，第 5 天早上做最後的批貨確認，下午從廣州新白雲機場直飛台灣，或搭車到香港或澳門搭晚班機回台灣。

當然這樣的行程還是很趕，所以去批貨就要有心理準備，整天就像急行軍一樣。不過，這樣的行程不管在費用與效率上都是不錯的規畫。日後，可以將批貨行程縮短到3或4天。

Q3

從廣東工廠出來的貨品會有包裝嗎？會有完整的領標、水洗標或吊牌嗎？

通常從廣東工廠出貨的時候，每件服裝都會有基本的包裝。至於品牌方面，如果你沒有自己的品牌或領標，工廠出廠時就會車上他們自己的品牌或領標。當然你也可以要求工廠不要車上領標，因為你可能日後要自己加工處理。

至於水洗標，工廠也會應你的要求，車或不車都可以，所以記得在和檔口批貨時，就要和檔口靚女現場談清楚。

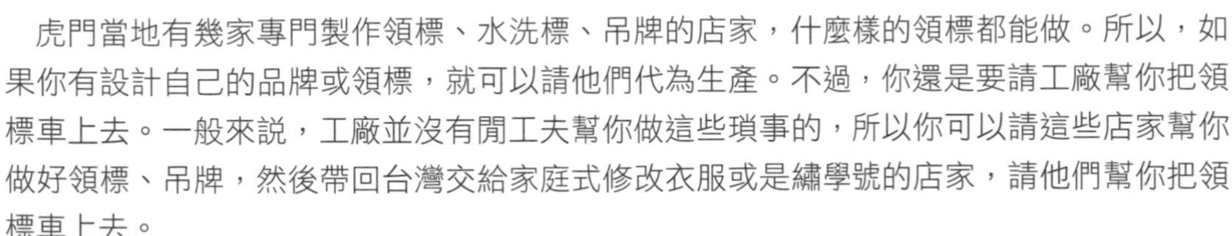

虎門當地有幾家專門製作領標、水洗標、吊牌的店家，什麼樣的領標都能做。所以，如果你有設計自己的品牌或領標，就可以請他們代為生產。不過，你還是要請工廠幫你把領標車上去。一般來說，工廠並沒有閒工夫幫你做這些瑣事的，所以你可以請這些店家幫你做好領標、吊牌，然後帶回台灣交給家庭式修改衣服或是繡學號的店家，請他們幫你把領標車上去。

如果你要另外做領標、吊牌，就要現場問店家能在幾天內交貨。萬一他們沒辦法趕在你最後一天行程製作完成交貨，就要請他們把成品送到貨運行去；同時記得通知貨運行會有店家送來領標、吊牌這件事。

這也是很多人會問到的問題。總覺得去五分埔批貨，只要一天就解決了，去廣東批貨，一去就要 4、5 天，這樣會符成本效益嗎？

所以，第一趟去廣東最好不要抱著只是去逛逛的心態，有些人會說：「第一次去考察嘛。」坦白說，我覺得那只是推託之詞，當別人都拚了老命不斷跑檔口，抱著去考察心態的人，很容易就讓自己鬆懈下來。別人在努力看貨批貨，去考察的人，反而往往躲到外頭抽菸聊天，平白浪費了寶貴的行程和金錢。

我建議，如果不想每個月都跑廣東，那第一趟就要加倍努力的跑檔口，多和檔口靚女聊，記下每一家你喜歡的檔口，他們的特色是什麼？他們專做哪一類的服裝？哪一類風格？大致的價錢？能不能透過網路看樣？留下他們的電話、傳真號碼，把這些資料蒐集好，你手上才會有足夠的廠商資料，即使日後你回到台灣，還是能夠和對方聯絡。

想成為一個優秀的服飾業者，你還要隨時做好所謂的「paperwork」。你可以根據地區或服飾種類製作表格，詳列這些檔口。除了上述的資料外，還可以註明後續的交易紀錄，像是有下單過或拿過貨的檔口，他們的交貨是否準時，交貨品質是否合乎你的要求等。

不過，不管是虎門或廣州，當有些檔口累積到一定的客戶數之後，他們就有可能撤出商場（因為商場的檔口租金很貴，像以前廣州的白馬商貿大廈火紅的時候，還要靠市委之類官員出面才拿得到檔口租期），到商場附近租寫字樓。如果你沒有留下對方的聯絡資料，很可能過兩個月再去就找不到他們，原來的檔口也換人經營了。

所以，如果時間與經費都許可，建議兩個月或一季就跑一趟廣東，尤其到換季時候，還能批到最新的換季時裝，比台灣還要提前快一個月。

這種事情沒有正確的統計資料，每個人的個別經驗都不能代表整體的環境。如果到現場直接採購現貨，當然可以在現場驗貨，做出錯誤決定的機率自然就降低。如果檔口沒辦法現場給所有的貨品，需要由工廠生產，那就要懂得保護自己，盡可能和檔口靚女談判能不能貨到才付款。

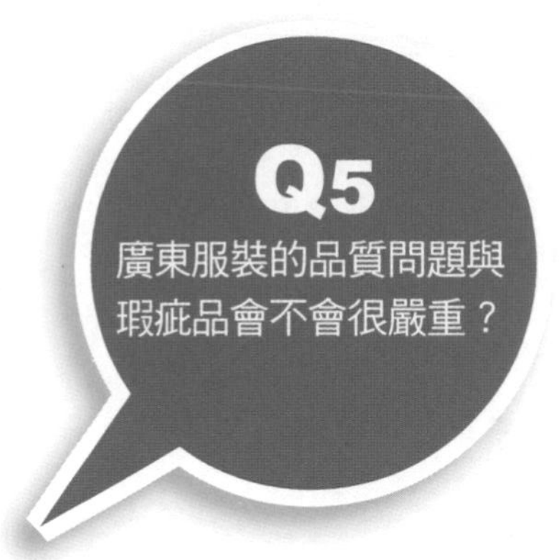

Q5
廣東服裝的品質問題與瑕疵品會不會很嚴重？

如果對方不願意，至少也要壓低訂貨的風險，就是只付一部分訂金，剩下的貨款等貨到台灣，買家開箱驗貨，一切確認無誤後，再匯款給檔口。這樣做，廣東那邊的檔口也不敢亂來。

不過，通常很難遇到這麼好的檔口，所以最後的妥協結果就是先付一部分的訂金。剩下的貨款，當貨到廣東的貨運行後就要付清。不過這種方法，一定很多人會擔心品質問題，萬一有瑕疵品該怎麼辦？

其實，貨運行在某種程度上也算是買家在收驗貨時的一個窗口。你可以在貨運行給的「訂貨三聯單」上寫明收這批貨的一些注意事項，這樣貨運行多少也會在收貨時幫買家注意一下，如果有太過明顯的問題，至少貨運行還能做初步的把關工作。

不過坦白說，貨運行每天要收的貨實在太多了，他們實在也沒那麼多時間幫所有的客戶一件一件的驗貨（其實也沒有任何一家公司在驗貨時會一件一件驗的，都是抽驗居多）。所以說要解決品檢這個問題，最保險的做法就是請另一個人代為幫忙抽驗，而有些批貨導購員就提供了這方面的服務。

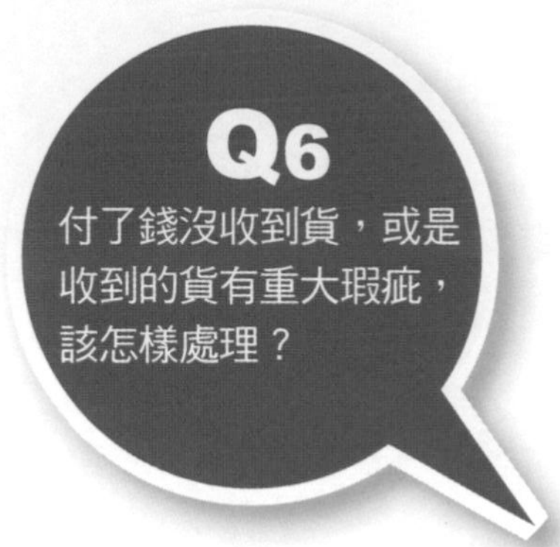

Q6
付了錢沒收到貨，或是收到的貨有重大瑕疵，該怎樣處理？

這個問題應該這樣回答，一開始就不應該讓這種事情發生，而是應該以各種方法去防堵這個問題。我在本書中不斷提到，跨海採購一定會有某種程度的風險。到大陸或是到其他國家並沒有太大差別，誰敢保證到韓國、日本、泰國就不會被騙？重點在於自己要有風險意識。

這也是為什麼我一直強調，貨運行除了幫買家將貨品從廣東運回台灣，並代為處理關税等問題外，我們還可善用貨運行的「訂貨三聯單」，讓貨運行也幫忙做些簡單的驗貨工作，也能夠降低一些風險。

一般來説，能在富民、白馬、外貿等批發商場開業的檔口，大都是希望靠接單而不是欺騙賺錢。當然沒有跨海批貨經驗的台灣買家，剛到虎門、廣州時，也看不出究竟哪些是比較有問題的檔口，所以有經驗的批貨老手都會建議新手第一次去還是盡量拿現貨，一手交錢一手交貨，就可以現場驗貨，省掉後續的諸多麻煩。

至於怎樣才能知道哪家檔口有沒有問題？我相信沒一個人能夠回答這個問題。每個批發商場都有好幾百甚至上千個檔口，每個檔口都雇用 2、3 個靚女，怎麼有可能光看幾眼就知道哪個檔口有問題。但這也是為什麼我會為讀者介紹批貨導購員這個橫跨兩岸的新興服務業的原因。

跟著批貨團跑第一趟的好處，買家可以從批貨導購員身上學到很多在大陸批貨的談判技巧；也可以見習導購員是怎樣批貨的；而且導購員平均每個月都會帶團過去，檔口也看得多了，很多檔口都是老面孔，甚至連一些靚女也都很熟了。如果有任何問題，當場問導購員，就能夠立刻得到解答，如果剛開始拉不下臉和檔口談付款方式，導購員也會幫忙談。

還有，跟著批貨團還有一個好處，每次出團都會有 6 ～ 10 人不等的團員，因為都是同行，或是共同對服飾業有興趣的人，幾天相處下來很快就成為好朋友。在偌大的商場中，兩人結伴同行比較有個照應，也比較不會有恐懼感。

而且，許多人回來後還會保持聯絡，甚至一起訂貨，還可省下一些費用。

Q7 護照、台胞證在廣東掉了，該怎麼辦？

錢被偷了，緊急跟同行的友人調一下還能應急，但證件掉了，可不是靠錢就能解決的。

去廣東批貨必備的兩種證件，一是護照，一是台胞證，兩樣證件缺一不可。護照是保障你順利進出香港或澳門，台胞證則是進出大陸的必備證件，切記保管證件比錢還重要。

可以事前先把護照及台胞證的內頁影印下來，並且不要和證件正本放在一起，這樣萬一護照或台胞證掉了，至少你還有一份可以證明身分的文件。

如果不幸你的護照或台胞證遺失了（最倒楣的狀況是兩本都掉了），這時候你必須先確保你能順利離開大陸並返回台灣。只要回到台灣，頂多再重新辦理證件就好了。

依照國人出國旅遊的習慣，絕大多數都是將台胞證與護照一起保管，所以一起遺失的機率也很高。為此我特地請教外交部領事處，當國人在大陸遺失這兩本證件時，需按照以下手續辦理緊急證件。

1. 到當地的公安單位申報遺失台胞證，並取得報案證明，同時辦理臨時台胞證。至於申請所需時間，如果你是在周末假期去報案，那恭喜你，你可能得等上兩天才能取得臨時台胞證，原因是週末值班的公安同志要找到主管核發臨時台胞證會有點困難（他可能因打擾主管休假而被主管海 K 一頓），所以要有點耐心。當然申請臨時台胞證需要一些規費，但不會很多。

2. 申請到臨時台胞證，代表你可以順利離開大陸海關，不會被海關官員刁難。不過臨時台胞證只能保證你安然離開大陸，別忘了我在「台灣到廣東的交通篇」談到，你還需要有代替護照的臨時文件才能讓你合法通過香港關或澳門關，因此接下來你要申請的，就是一份由香港中華旅行社 / 香港事務局服務組或台北經濟文化中心 / 澳門事務處服務組核發給你的臨時身分證明文件。

③ 申請到臨時台胞證之後，接著你就要確定你打算走陸路、水路或空路進入香港或澳門。

舉例來說，假設你走深圳羅湖關出香港，請事先打電話給香港中華旅行社 / 香港事務局服務組，告訴他們你的情況及已申請到臨時台胞證，以及預計離開廣東的日期，預計搭哪種交通工具進香港。他們會事先聯絡羅湖香港關這邊的香港海關官員，這樣你進香港關時，告訴他們你的名字，才能順利進入香港。

記得與香港中華旅行社聯絡時，要問清楚是不是只要告訴香港海關官員你的名字就可以入關，還是要報上任何證明文件的號碼？才不會到了香港關又被堵在門外，那可糗了。

④ 到香港後，接著到香港中華旅行社 / 香港事務局服務組申辦臨時身分證明文件，這樣才能買機票回台灣。如果走澳門，根據外交部的說明，要先將大陸公安的報案證明、身分證明文件（國民身分證、全民健保卡或駕駛執照等正反面影本，均無者則要提供戶籍謄本）、台胞證資料頁影本及經澳門返國的電子機票行程單，一起電傳到在澳門的「台北經濟文化辦事處」(傳真號碼：853-2830-6153)，並撥打專線電話：853-2871-2561，確認或詢問相關事宜，同時另準備 5 張 2 吋白色背景彩色證件照，這樣就可到台北經濟文化中心 / 澳門事務處辦理入國申請書了。

還有，返國日不要選擇週六、週日及澳門公眾假期，因為假日大家通常都放假，班機行程也不要是從大陸或其他城市飛澳門轉機返國。至於預訂飛回台灣的班機，最好是當天下午三時後起飛，才有足夠的時間辦理入國證明書。

香港中華旅行社 / 香港事務局服務組

地址：香港金鐘道 89 號力寶中心第一座 40 樓
電話：(852) 2530-1187　傳真：(852) 2810-0591
急難救助專線電話：(852) 9314-0130 (白天)
如果在大陸遺失護照而需緊急回台灣，
請在上班時間撥打電話：(852) 2530-1187；
非上班時間請撥：(852) 9314-0130

台北經濟文化中心 / 澳門事務處服務組

地址：澳門新口岸宋玉生廣場 411- 417 號皇朝大廈 5 樓 J-O 座
電話：(853) 2830-6289　傳真：(853) 2830-6153
急難救助行動電話：(853) 6687-2557

此外，也可向台灣的海基會尋求協助，24 小時服務專線為 886-2-2712-9292。海基會說，任何涉及人身安全，必須緊急處理的事件，都是「緊急專線」的服務對象。像是在大陸發生死亡、重病、重傷、遭擄人勒贖、被扣押、失蹤、旅行證件遺失，都是緊急事件。

15

批貨小幫手之批貨導購員

我們前面幾章已經把到廣東批貨會遇到的問題都討論過一遍了。基本上只要確定自己要什麼樣的產品，事前多蒐集資料，到了廣東後謹言慎行，秉持財不露白的原則，其實到廣東批貨並沒有那麼可怕。

不過，如果對自己單獨跑廣東批貨依舊有顧慮，我的建議是不妨先跟著批貨導購員跑一趟，去過一趟確定自己將來可能會跑的城市和路線後，所謂一回生二回熟，以後自己跑廣東批貨就會比較順利了。

像台北五分埔的一些店家幾乎是一星期跑一趟廣東看貨，他們也都是自己台灣廣東來回跑，跑到最後，走香港機場就像在走自家廚房一樣熟。

什麼是導購員？

「導購員」這個名詞是大陸用語，不只是指售貨員，而是有點銷售顧問的味道，也就是提供顧客在購物過程中各種專業諮詢的人。

「批貨導購員」則是指在批貨過程中提供各種諮詢及相關服務的人，和單純到百貨公司購物相比，批貨的過程顯然要複雜多了。因此「批貨導購員」要提供的諮詢與服務也就更多樣化了。

台灣能提供廣東批貨服務的批貨導購員，多半是曾在廣東做過服裝批發生意的人，現在他們把自己批貨的經驗提供給想到廣東批貨的台灣業者。

當然想成為批貨導購員，至少要有兩把刷子。不僅要對當地市場有充分了解，而且還要身兼數職，除了要像旅行社領隊安排交通食宿，還要能提供團員足夠的批貨資訊，必要時還要出面幫忙殺價，遇到團員有創業或經營上的問題，也要能向張老師一樣提供諮商服務。總之，不是每個批貨導購員都能做到每一點，為了讓大家能多了解批貨導購員，我特地將他們提供的服務整理如下。

服務 1

協助客戶安排最經濟的批貨行程

安排批貨行程是每位想要去廣東批貨的人必做的功課之一。通常沒去過廣東，最大的問題還不是從台灣到香港或澳門這一段，而是到香港或澳門後接下來的行程。比如，你是要廣州、虎門、深圳三地全跑一趟，還是只鎖定廣州和虎門？兩地要各待幾天？虎門多一些？還是廣州多一些？在這幾個城市要住在哪裡呢？一個晚上要多少錢呢？住貴的酒店總覺得不划算，住便宜的酒店又怕衛生和安全問題。如果沒

去過，能不能上網預訂呢？除此之外，吃也是一大問題。很多台灣人很挑吃，也要求衛生，所以常常東挑西揀的，使得連吃飯都會耽誤到批貨行程。

不過根據我的親身經驗，批貨不比觀光，做生意講究的是高度自律，如果批貨行程太隨性，通常都不會有很高的效率。而效率低，意味著支出成本相對提高，很可能去個 5、6 天，還逛不到幾家商場，看不到多少東西就要打道回府了。

如果到廣州發現少個行李箱，導購員也會在梓元崗帶大家去採購

跟批貨導購員跑一趟廣東，好處是交通食宿都有人安排，買家只要確定自己要採購的商品內容，事前多蒐集資料，自然可省下許多時間和精力。

第一次去批貨，每件事情都充滿了陌生感與不確定性，這都是第一次去批貨時會遇到的狀況。我認為，跟批貨導購員跑一趟，可把各種不確定性降到最低，如此一來，第二次自己去自然就簡單多了。

服務 2

可應批貨客需求規畫行程

現在市場上不只一位批貨導購員，每位批貨導購員的差異之一就在於行程規畫與安排。有些導購員安排 4 天行程，批貨地點以深圳為主，虎門、廣州其次，也有的導購員是以虎門、廣州為主，而捨棄了深圳。

坦白說，5 天行程想連跑 3 個城市其實很喘。等於每個城市只能待一天，買家只能走馬看花，所以這也是有些批貨導購員會選擇重要的城市，捨棄較不重要的批發商場，讓每個城市至少有兩天採購行程的原因。這一點，在此我不做評價，因為每個人的批貨需求各不相同，這種問題沒有標準答案。

如果打算跟批貨團跑第一趟行程的話，記得把自己有可能在批貨過程中遇到的問題先列出一張清單，可事先請教批貨導購員，聽聽看導購員的回答是否讓你滿意。

服務 3

協助不同需求的客戶找到合適的供應商

一個批貨團平均都有 7 ～ 10 位成員，每個人的背景、地點、經營模式各不相同。除台北外，桃園、新竹、台中、高雄，甚至花蓮都有，有人是服飾店老闆，也有人想回到故鄉當中盤商；有人開的是精品服飾店，也有人想開童裝店，大家目的各不相同。到了各城市也不知道哪裡可以批到適合自己生意需求的服飾，這時候，批貨導購員就能夠提供這方面的諮詢服務。

通常台灣買家的區隔不外乎品類、樣式與品質，在廣州有批發商場是專賣牛仔裝的，也有專賣兒童服裝的，也有賣男裝的，當然還是以女裝為最大宗。不過，即使女裝也有不同品類，像是少淑女、日本風、韓流風、休閒系列、熟女系列等。外地人初來乍到，肯定搞不清楚要去哪個商場批貨，這時如果是批貨經驗豐富的批貨導購員，就能依照團員的需求帶團員到適合的批發商場。

例如，有次批貨團的團員中，有一位是想來看童裝批貨市場的，因為團員事前已經跟導購員溝通過，導購員就事前先安排好了行程，包括到虎門、廣州應該帶他到哪些商城批貨。如果批貨導購員只熟悉女裝市場，那遇到有特殊需求的團員，可能就會讓團員敗興而歸了。

因此事前與導購員溝通，可以讓導購員做更靈活的行程安排，自然就能滿足不同團員的需求了。

有經驗的導購員會帶團員到大街小巷找商品

服務 4

指導客戶如何在採購過程中看貨

近幾年隨著電子商務與網拍的興起，讓很多一輩子沒有做過生意的美眉們紛紛投入服裝產業。她們沒有任何銷售或採購經驗，唯一有的就是血拼經驗。雖然媒體總是不停報導哪個美眉從 1 萬元起家，現在則成為評價上萬點、月營收數十萬的網拍達人。但想投入服裝產業，不只是會賣就可以，如何挑到品質好、成本優的服裝，可不容易。

其實每個人都是歷經一次又一次的血淚教訓，才得到寶貴經驗。而且只有少數人能夠走過這一條漫漫長路，大多數的人在創業的過程中都慘遭滑鐵盧。

而批貨導購員的功能之一，就是指導買家如何在採購過程中看貨。有很多新手買家通常只會注意到樣式，而沒有注意到服裝的細節。往往服裝批回來了，乍看之下還 OK，細看時就會發現不是釦子錯位、口袋不平整，就是線頭、內裡嚴重外露、車線不平整或布料品質不佳等問題。

像這些細節問題，往往是服裝批回來台灣後，只賣了一批就無法讓顧客持續回流的原因。因為只要顧客第一次感覺服裝的品質不值得他付出去的價錢，就不會再上門購買了。

指導新手看貨挑貨很重要

團員們正在討論現場的商品

很多人都說大陸生產的服裝品質很差，不過大家也不要忘了，現在有哪些衣服不是在大陸生產的？不管是平價的「青蛙」還是「大腳」，或是其他中高價位的品牌服裝，幾乎都將大部分的生產放在大陸。（大家還記不記得前年底，幾乎與英國畫上等號的服裝名牌 Burberry 考慮要把部分生產線外移到大陸，還驚動王儲查理王子出面關心的新聞？）

所以說，不管是珠三角還是長三角，這些服裝重鎮都有品質不錯的服裝，重點是，你有沒有挑貨的眼光。

如果自覺是新手，這方面的能力還不足，切記不要客氣，多請教批貨導購員，請她提供看貨的訣竅，以及如何在很短的時間內把一批貨驗完的經驗。

另外，對於沒有市場銷售經驗的新手，往往是以自己對服裝的偏好，而不是市場導向來批貨，當然這種批貨方式會有些風險。這時候有些批貨導購員就會提醒團員，批貨前最好再想想。所以當導購員對團員打算批的貨有一絲絲質疑的口氣時，下單前最好再跟導購員討論討論，當然也有可能是因為導購員不了解團員會批那些服裝的用途。不過，下單前能有個人多討論一下總是好的，免得人回台灣，商品上架之後才後悔。

服務 5

協助客戶議價與訂購量

很多人到廣東批貨，往往會對超低的服裝價格驚奇不已，其實這是來自兩種錯覺：第 1，一下子擺脫不掉一般顧客血拼的心態，忘了這些服裝還要加上很多成本，才是真正在台灣市場的零售價；第 2，這些服裝是以人民幣計價，乍看會覺得超便宜，但不要忘記還要再乘以 4 點多才是新台幣價格。

批貨價較低是一定的，但批貨不是給自己穿的，做生意將本求利，賺取合理的利潤是應該的。做生意也有兩種做法，一種是確定商品成本再決定售價，另一種是設定好售價，再去找符合利潤的產品。

如果團員沒有豐富的殺價經驗，這時候批貨導購員就能夠協助團員殺價。因為導購員能夠很快就確定所有團員的訂購量，自然能夠以量制價，幫團員談到較好的價格。

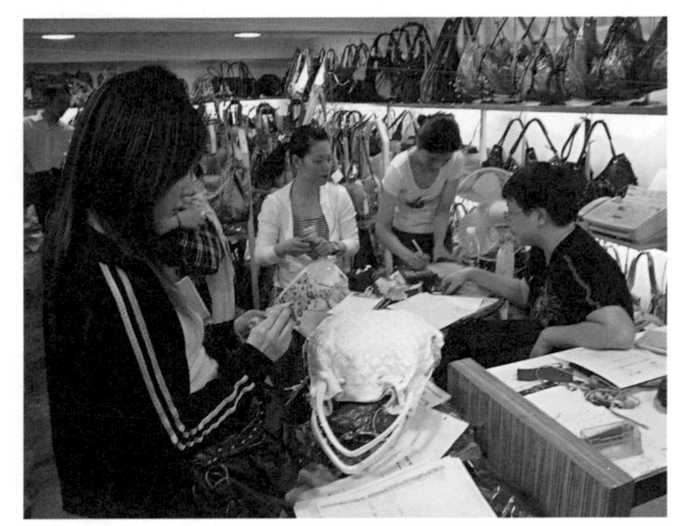

而且導購員常常在這些商場出沒，和這些檔口靚女們都有一定的「交陪」，往往說幾句話就能比這些生面孔的團員談到更好的價錢。

服務 6

貨幣兌換降低風險

雖然現在兌換人民幣非常便利，但另一種在前面曾提到的匯款——把錢匯進台灣從事兩岸匯兌業務業者指定的銀行帳戶，等人到廣東後，再到業者在廣東的辦公室或合作業者直接領取人民幣——並沒有完全消失。

不過，很多人都對這種匯款方式表示懷疑，因為這等於沒有任何法律保障。而且也沒有第三者當中間人，萬一找到的不是有信譽的匯兌業者，等人到了廣東卻拿不回人民幣，破了財還消不了災，口袋空空站在廣東街頭，那可會讓你欲哭無淚。

這時候就可以透過批貨導購員的協助，降低這類匯兌的風險。通常導購員都會有長期合作的匯兌業者，他們可能是貨運行，也有可能是當地台商。總之，他們因為長期合作的關係，大家都還要在這個圈子裡混下去，不會輕易搞砸自己的招牌。問問導購員，通常他們都會有這類的匯兌服務。

服務7

協助客戶出貨品檢

到廣東批貨，如果有些貨不能在現場拿到，那就只能下單請工廠生產。如此一來，肯定不可能在回台前看到工廠生產的貨了，品質到底如何，等運到台灣再由買家驗貨，萬一不符買家的要求，那該怎麼辦？這也是所有到廣東批貨的買家最最煩惱的事情。當然最好的辦法就是在廣東就把驗貨的事情解決，不滿意就趕快和工廠聯絡，但問題是要找誰驗貨呢？

批貨找貨運行，除了是為了處理貨運的事情外，有些貨運行還會幫忙處理一些簡單的驗貨工作。

不過，買家最好不要冀望靠貨運行來解決所有的驗貨問題。因為畢竟貨運行的主要服務是「運貨」而不是「驗貨」，貨運行能夠幫客戶處理領標、洗水標的問題，但畢竟驗貨不算是他們的主要服務項目。

所以，這時候冰雪聰明的批貨導購員又有了新服務，那就是幫忙在工廠下訂單的買家驗貨。有些導購員常駐在廣東，平常可以幫團員驗貨，台北的說明會與團員招募就委託別人負責；也有的導購員則是平常在台灣舉辦說明會與團員招募，在廣東則雇用一些當地人負責提供驗貨服務，兩者都是為了提供團員批貨的後續服務。

不過，批貨導購員的驗貨服務仍以抽驗為主，這一點應該大家都能同意才對。即使大企業在驗收商品時也不可能一件件查驗，所以買家在確定有哪些訂單需要驗貨時，最好事前和導購員說明需要檢查的重點，像是袖子、領子、圖案等，這樣也能夠讓驗貨員在驗貨時能抓到重點。當然這樣的服務也需要支付一些費用，畢竟花點小錢總比事後出紕漏再來解決要划算。

服務8

吊牌、包裝袋與提袋

現在除了單純批貨之外，很多買家都希望能夠掛上自己的品牌。因此光是用透明塑膠袋包裝商品，再放進一個隨意買到的普通印刷提袋，已經不足以展現品牌價值。能顯示品牌價值的專屬吊牌、包裝袋與提袋自然需要另行製作。當然，現在這些周邊商品都可以跨海到廣東製作了。

據了解，買家只要準備好自己品牌商標的圖檔，到了現場後交給當地專門從事這方面業務的店家，他們就能夠把買家所需要的這類產品全部做好，而且也不用擔心簡繁字體問題。對這些做生意的店家來說，簡繁體早就三通了。我在虎門時，就曾去看過這種店家，他們利用電腦直接修圖，非常方便。到時候製作完成時，可請他們把做好的產品送到貨運行去，和訂的貨一起運回台灣。

不過，要在廣東做吊牌、包裝袋與提袋，還是要考慮到數量問題。因為東西做好還是要海運回台灣的，如果量不夠大的話，在台灣做就好了。

服務 9

產地標、領標與水洗標

產地標、領標與水洗標是服裝產業眾所周知，但大家又不願意講破的祕密。現在絕大多數的服裝不是在大陸就是在東南亞國家生產。不過，消費者有時候又很盲目地對 Made in China 有歧視，寧可相信 Made in HongKong 或 Made in Korea。

業內的人都知道，明明標示 Made in HongKong 的衣服就是在廣東製造的，有一大部分 Made in Korea 的服裝也是。既然消費者這麼在意產地，做生意的人當然就是「你要什麼我就給你什麼」。

不過，我們在前面提到，現在海關對於服裝產品的產地與運送方式有各種奇奇怪怪的規定。像是香港的要走空運，而大陸的可走海運等，這些牽涉到貨運與報關的事情通常都是由貨運行處理，除非是自己拿行李箱用 hand carry 的方法帶回來。

所以，有關產地標、領標與水洗標問題，也可委由批貨導購員代為向貨運行詢問台灣海關的最新政策，再決定要怎麼處理這個問題。

當然接下來的就是一些檯面下的祕密了。剛剛提到的製作吊牌的店家，他們也有做各種產地標、領標與水洗標。我在虎門就看過一整捲Made in Korea的水洗標，所以如果買家想要買這些不同產地的標籤，去這種店家找，一定可以滿足各種需求的；不過導購員的工作就是帶團員去店家，至於要買什麼，就要看買家自己的需求了。

服務10

幫買家談到優惠的運費

通常貨運行的運費牌價有各種等級，就跟大盤、中盤、零售一樣，各有不同的進價水準。一般新手買家大概都只能拿到比較差的運費費率。這時候，批貨導購員就能夠幫大家一起向貨運行談，看能不能拿到比較好的運費。

普通買家畢竟每次的訂貨量都沒辦法和中、大盤相比，所以即使結合一群買家的力量，也很難談到中盤等級的運費。不過至少導購員和貨運行的關係比小買家要好很多，很多導購員自己在台灣也有店面，也要進貨，所以他們跟貨運行的往來很密切，透過導購員和貨運行的關係來談運費，應該可以談到可接受的價錢。

不過，即使透過批貨導購員的牽線，第一次去批貨的買家也不應該抱著「一定能拿到很低運費牌價」的心態，畢竟貨運行也不是做慈善事業的，所以只要能夠得到比一般客戶要低些的牌價應該就夠了。事情總是慢慢來，跑熟了，進貨量大了，自然運費會越來越低。

服務11

開發更多優質供應商

這也是批貨導購員能提供的重點服務之一。很多買家可能 3 個月才能跑一趟廣東，去的時間也很短，每次都可能和固定的檔口交易。久而久之，供應商的名單並沒有增加。但長久下來對買家來說，沒辦法開發新的優質供應商，會變成潛在的危機。

不過，批貨導購員就不同了。他們有些常駐在廣東，有些每個月會過去一兩趟，隨時都在了解當地市場。而且他們在找到新的檔口時，通常都會先試著小量下單，測試檔口服裝的品質，然後逐次增加訂購量，測試檔口的生產能量。透過這種方式，他們就能逐漸累積好的供應商名單，而且細心一點的導購員還會將供應商做好分類，所以說大部分的導購員手上都有一本供應商「花名冊」，批貨團團員想要 OL 女裝？沒問題，少淑女服飾？多得很。熟女系列？後面這幾頁都是。

服務12

跨海寄版下單

這項特殊服務其實是因應檔口與買家的需求產生的。尤其在虎門、廣州的批發商場，很多檔口在商場承租鋪位，主要目的就是培養客戶，因為熱門的檔口租金可是很貴的。

而且檔口自己工廠也只有一定的生產量，接太多訂單也做不完。所以當檔口做一陣子，感覺已經累積不少客戶之後，就會撤出商場回到工廠。不過對批貨導購員來說，交易經驗還不錯的檔口，往往下一次去就不見也不是很好，畢竟也沒辦法馬上就開發一個新的供應商。

所以，這些離開商場的檔口都會主動聯絡導購員。不過這些檔口的工廠距離市區都很遠，為了安全問題，檔口就會和導購員協調，每個月固定寄新款服裝的樣版到台灣給導購員參考。

由於導購員是這些檔口的老客戶，他們都很清楚導購員的喜好和風格，所以即使每星期固定都會有很多新版面世，他們也能挑出適合的寄給導購員。

導購員就把所有各檔口寄來的新版提供給團員一起訂購，然後導購員再把大家要訂購的貨品集中，再向檔口下單。

這等於為買家開闢了另一條進貨的路，因為每個人都有自己的進貨風格，久而久之，也可能讓自己的賣場太過一致性，這不見得是好事。所以說有些導購員能提供這項服務，對固定出國或是較少出國批貨的買家來說，等於為自己開發新的貨源。

至於計價方式則不一定，得看個別導購員的想法了。

批貨導購員現身說法

25 歲就開始跟著父母的服飾店一起做生意，幾年前還單槍匹馬跑到廣東虎門開設服裝工廠，現在則是專業批貨導購員的 Jessies，說起她洋洋灑灑的經歷，恐怕很多台灣男人都會自嘆弗如。

原本在高雄最熱鬧的新崛江廣場經營服飾店的 Jessies，現在則是把服飾店的生意交給妹妹負責。到廣東批貨的事情則由她來跑，所以現在 Jessies 一個月平均要跑廣東一到兩趟，除了帶團之外，也順便批貨。

剛開始，父母很反對她帶台灣的買家到廣東採購，因為他們認為，這樣一來，把服飾業者的生存機密攤在陽光下，不等於自絕生路？但 Jessies 認為，未來會有越來越多的服飾業者跳過大盤、中盤，直接到對岸批貨，與其坐以待斃，不如主動出擊，將自己成功轉型為服飾批貨導購員。

她曾在虎門開服裝工廠

由於自己曾在虎門開過服裝工廠，也結識了一票台商，Jessies 在虎門與廣州的人脈讓她轉型成批貨導購員時毫無障礙，而且結合彼此不同的專業，還能夠創造出更大的效益，才能在帶團時應付各種需求與突發狀況，這也是批貨導購員應該具備的條件之一。

除此之外，批貨行程安排也是批貨導購員的基本能力，Jessies 認為，以廣州、虎門、深圳 3 個城市的相關位置來看，廣州最內陸，虎門居中，深圳最靠近香港。越靠近香港，自己去闖的風險自然較低。廣州最內陸，光是從香港機場出發到廣州，至少就要 4 個多小時。因此，Jessies 的批貨團行程是以廣州、虎門為主。至於深圳，因為距離香港最近，她的 5 天行程中並沒有安排深圳，她建議日後如果自己要獨自跑的話，去程或回程都可以安排一天的時間到深圳東門步行區逛逛。

Jessies 的批貨團行程中，虎門與廣州各分配兩天行程，即使這樣，每天還是跟打仗一樣。根據曾跟 Jessies 的批貨團跑過的男團員說，大概除了當兵時曾這樣操過之外，就屬 Jessies 的批貨團最硬，5 天走下來真的是要「鐵腿」。

因為 Jessies 自己本身也會批貨回高雄的服飾店，這對團員來說，可以從旁觀察第一手的批貨眼光，還可以學到獨門殺價技巧。根據觀察，Jessies 批貨時，永遠是冷冷的一號表

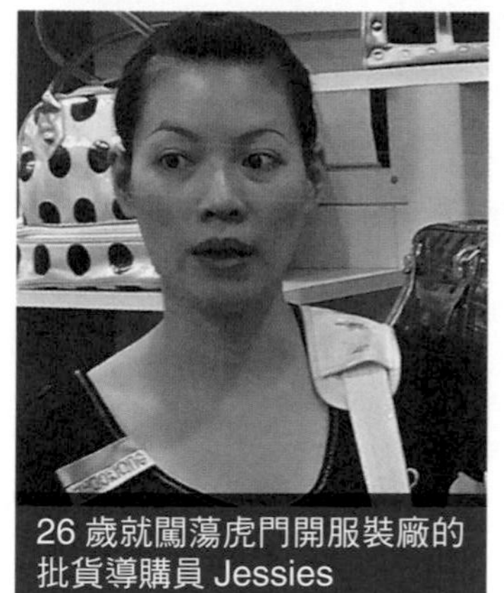
26 歲就闖蕩虎門開服裝廠的批貨導購員 Jessies

情，檔口的靚女絕對看不出她心裡在想什麼，和 Jessies 一起批貨，等於是看一場高手過招的談判。

除此之外，Jessies 所提供的服務中，又以協助買家出貨品檢、跨海寄版下單最有特色，也最受買家好評。Jessies 在廣東虎門聘有助理幫忙處理驗貨工作，就是為了把跨海訂貨可能出現的問題，盡可能在廣東就處理掉。如此一來，如果貨品品質有問題，Jessies 也能在最快的時間內通知已經回到台灣的團員，看後續要如何處理。另外，在前面的批貨導購員提供的服務中就有提到的跨海寄版下單，這也是目前市場中，只有 Jessies 才有提供的後續服務。

Jessies 目前手上就有幾十家關係密切的供應商，他們都是長期配合的檔口，這些檔口有些還在商場，有些則已回到虎門郊區的廠區。有一次她還自己跑到郊區的廠區去看貨，回來後被其他台商罵得半死，因為那些地方連男台商都不敢獨自前往，她一個女人就這樣單槍匹馬跑去，可見她膽子之大。

話說回來，也因為彼此信任，也知道 Jessies 的喜好，這些供應商會定期寄即將推出的新版給她，她也覺得把這些新款版型提供給團員挑選，既能集合大家的量一起下單，又能讓團員多個批貨管道。畢竟跑一趟廣東也要花時間，如果團員想要省錢省時，這也是一條不錯的進貨管道。價格方面，供應商開多少錢，Jessies 也不會私下抬高價格。如果團員有中意的版型也決定下單的話，每一件衣服，她收取新台幣 5 元的處理費與兩岸聯繫費用。

經過業者這幾年來的經營，兩岸服裝產業的分工越來越明確。但台灣許多剛起步的服裝個體戶錢少勢孤，更需要專業的協助，才能免走許多冤枉路，而像 Jessies 這樣的批貨導購員也就應運而生了。

Jessies 建議想到廣東批貨的買家，最好先確定自己要做哪一塊市場的生意，上網多蒐集資料，最後再和批貨導購員聯繫討論，自然就能降低風險，讓創業的路走得更踏實。

批貨導購員 Jessies 聯絡資料

電話：(02)2247-5222
手機：0931-971-471
電子郵箱：jessies38@yahoo.com.tw

國家圖書館出版品預行編目（CIP）資料

南中國批貨／張志誠作. -- 二版. -- 臺北市：
早安財經文化, 2014.08
面；　公分. --（生涯新智慧；32）
ISBN 978-986-6613-55-5（平裝）

1.批發　2.商品採購　3.中國

496.2　　102000169

生涯新智慧 32

南中國批貨

全新版《2萬元有找，中國批貨》

作　　者：張志誠
攝　　影：張志誠
特約編輯：莊雪珠
封面設計：Bert.design
內頁設計：陳昭麟
責任編輯：廖秀凌
行銷企畫：陳威豪、陳怡佳

發 行 人：沈雲驄
發行人特助：戴志靜、黃靜怡
出版發行：早安財經文化有限公司
台北市郵政30-178號信箱
電話：(02) 2368-6840　傳真：(02) 2368-7115
早安財經網站：http://www.morningnet.com.tw
早安財經部落格：http://blog.udn.com/gmpress
早安財經粉絲專頁：http://www.facebook.com/gmpress

郵撥帳號：19708033　戶名：早安財經文化有限公司
讀者服務專線：(02) 2368-6840 服務時間：週一至週五10:00~18:00
24小時傳真服務：(02) 2368-7115
讀者服務信箱：service@morningnet.com.tw

總 經 銷：大和書報圖書股份有限公司
電話：(02)8990-2588
製版印刷：中原造像股份有限公司
二版1刷：2014年8月

定　　價：380元
I S B N：978-986-6613-55-5（平裝）

批貨服務

本書讀者專屬大陸採購、批發、創業達人

服務折價券

憑本券（影印無效）可享 Jessies 提供以下採購批貨相關服務優惠：

❶ 單次大陸批貨商務團團費折抵新台幣 2,000 元

❷ 單次首爾批貨商務團團費折抵新台幣 1,500 元

❸ 免費 3 次大陸專人代採購服務（單次 10 萬元以上代採購金額，可折抵 5,000 元代採購服務費，3 次共可節省 15,000 元）。

填妥本券下方之基本資料，傳真至 (02)2246-6506，將有專人為您服務。

姓　名：＿＿＿＿＿＿＿＿＿＿

電　話：(　　)＿＿＿＿＿＿＿＿　　手機：＿＿＿＿＿＿＿＿＿＿

e-mail: ＿＿＿＿＿＿＿＿＿＿＿＿＿＿＿＿＿＿＿＿

想問 Jessies 的問題：＿＿＿＿＿＿＿＿＿＿＿＿＿＿＿＿

＿＿＿＿＿＿＿＿＿＿＿＿＿＿＿＿＿＿＿＿＿＿＿＿＿＿

備註：1. 本優惠券由 Jessies（邱綺瑩）講師提供。早安財經並無提供任何批貨相關服務。2. 任何與本優惠券相關疑問，請洽 Jessies（聯絡方式如下）。3. 本優惠券使用期限截至 2016 年 12 月 31 日止。

大陸採購、批發、創業達人 Jessies

電話：(02)2247-5222　　傳真：(02)2246-6506　　e-mail:jessies38@yahoo.com.tw